손 땀이 예쁜 그녀의 손뜨개

mj홍 지음

 예신 Books

책머리에…

　내성적인 성격으로 혼자 놀기 좋아하던 어린 시절, 뜨개를 하시는 어머니를 보며 자연스럽게 손뜨개를 접하게 된 뒤로부터 취미로 즐기다 보니 어느새 손뜨개가 손에서 떼어 놓을 수 없는 일상이 되었습니다.

　손뜨개 옷이라고 하면 드는 투박하고 불편하다는 선입견은 뒤로하고, 여성스럽고 편안한 캐주얼 정장 스타일의 옷을 만들고 싶어 그런 옷을 디자인하고 내 손으로 한 올 한 올 떠서 입을 때의 뿌듯한 행복감을 느끼며 긴 시간 동안 손뜨개를 해 왔습니다. 그렇게 쌓여 가는 손뜨개 옷들을 보면서 언젠가는 나만의 작품집을 내야지라는 막연한 욕심을 가지고 있었는데… 아직은 많이 부족한 저에게 연애사에서 출판 권유를 해 주셨을 때는 내심 놀라면서도 그동안 떠 놓은 옷만으로도 책 한 권은 엮을 수 있을 거야라는 자만과 연애사 대표님의 적극적인 권유에 용기 내어 이렇게 제 이름을 건 작품집을 내게 되었습니다.

　1년여가 넘는 긴 시간 동안 작품집을 준비하면서 새삼 깨닫게 된 본인의 능력 부족을 통감하고 자책하며 한숨짓던 순간들마다 주변의 많은 이들의 격려와 독려에 힘입어 포기하지 않을 수 있었고 드디어 책을 출판하게 되었습니다.

　아낌없이 협찬해 주신 연애사와 조성진 대표님의 독려에 무한한 감사를 드리며, 오늘의 저를 위해 격려해 주신 모든 분께 감사드립니다!

mj 홍

Contents

Chapter 1, 2

Chapter 3

Chapter 1

작 품

Leafage Pullover

평온하고도 진취적인 커플을 위한 풀오버

Leafage Pullover(여)

사용실과 사용량 : 빈센트 8p(여) 6656번 360g
사용도구 : 대바늘 6/0호(4.2mm)
게이지 : 22코 x 27단
뜨는 법 : 34쪽

Leafage Pullover(남)

사용실과 사용량 : 빈센트 8p(남) 6660번 520g
사용도구 : 대바늘 6/0호(4.2mm)
게이지 : 22코 x 27단
뜨는 법 : 37쪽

Sparky

불꽃같이 생기발랄한 왕관 무늬의 우아함에 과한 듯 과하지 않게
드러난 요크 부분에 아이코드 리본을 장식한 미니 원피스~

사용실과 사용량 : 빅토리아 VICTORIA 803번(a색) 340g, 816번(b색) 180g
사용도구 : 대바늘 6호(3.9mm)
게이지 : A 22코 x 31단, B 20코 X 28단
뜨는 법 : 39쪽

꾸밈 Set

별다른 테크닉 없이 심심하기만 한 메리야스편 위에 장난치듯 꽃수를 놓아
은근하면서도 발랄한 여성스러움을 표현

터틀넥 민소매 풀오버

사용실과 사용량 : Aipaca Paese 155g
사용도구 : 줄바늘 3mm, 3.5mm, 4mm
게이지 : 20코 x 27단
뜨는 법 : 41쪽

꾸밈 Skirt

사용실과 사용량 : Aipaca Paese A실 3102번 155g, B실 3105번 30g
사용도구 : 줄바늘 3.5mm, 4mm, 코바늘 6/0호
게이지 : 20코 x 27단
뜨는 법 : 44쪽

데이지 (겸손한 아름다움)

단정한 무늬가 옷맵시를 더욱 돋보이게 한다. 긴 겨울이 지나고 화사한 봄날
첫 나들이를 위해 수줍은 듯이 감추어지지 않는 아름다움을 드러내 본다.

사용실과 사용량 : 피코크 Peacock 716번 카디건 485g, 민소매 275g
사용도구 : 줄바늘 3.5mm, 코바늘 3/0호, 펄콩단추 10mm 6개
게이지 : 30코 x 29단
뜨는 법 : 46 쪽

뒤트임 롱 베스트

복스러운 주머니와 둘이 만나 하나의 사랑을 이루어내듯이 두 줄의 꽈배기 무늬가
점점 가까워질수록 사랑 무늬가 만들어지는 사랑스러운 베스트~

사용실과 사용량 : 라세누 아크릴 100% 388g(바탕색 319g, 배색 69g)
사용도구 : 줄바늘 5.5mm
게이지 : 13코 x 18단
뜨는 법 : 50쪽

미니 재킷 – 벚꽃

금방이라도 터질 듯한 벚꽃 봉오리들이 생동감을 자아내는 재킷~

사용실과 사용량 : 빈센트(로트렉) 10p 112번 460g
사용도구 : 대바늘 9호(4.8mm), 코바늘 7/0호, 종알토글단추 4cm 6개
게이지 : 16코 × 23단
뜨는 법 : 52쪽

바이올렛 투피스

예의를 갖추어야 할 자리에 우아함도 함께하는 투피스~

사용실과 사용량 : 빅토리아 VICTORIA 815번 재킷 420g, 스커트 290g
사용도구 : 대바늘 6호(3.9mm), 3.5mm, 코바늘 5/0
　　　　　　고무 밴드(길이 75cm x 폭 3cm)
게이지 : 20코 X 28단
뜨는 법 : 55쪽

넥워머 보라토끼

이보다 더 포근할 수 있을까~ 토끼털의 포근함과 따뜻함 그리고 우아함까지….
여인이라면 하나쯤 갖고 싶어할 럭셔리한 아이템!

사용실과 사용량 : 아르누보 앙고라 100% 70번 2볼
사용도구 : 줄바늘(둘레 바늘) 8mm, 벨벳 리본(길이 120cm x 폭 10cm)
게이지 : 1코 x 2단
뜨는 법 : 58쪽

봉긋 소매 풀오버

전체적으로 잔잔한 무늬와 함께 봉긋한 소매로
소녀 적의 감성을 자아내는 풀오버~

사용실과 사용량 : 페어리 6번 133g
사용도구 : 대바늘 5호(3.6mm), 코바늘 4/0호
게이지 : 22코 x 27단
뜨는 법 : 59쪽

사랑 더하기(Love+)

넉넉한 편안함으로 그대와 나의 사랑이 더하여지는 날들~

사용실과 사용량 : **여** – 빈센트 3p 2753번 245g
남 – 빈센트 3p 2758번 375g
사용도구 : 아후강 바늘 3mm, 3.5mm, 양면 아후강 바늘 3mm
게이지 : 25코 x 20단(3mm), 25코 x 15단(3.5mm)
뜨는 법 : 62쪽

싱그러움(스카프랑 비니랑)

움츠러드는 겨울날 싱그러운 소품으로 기분 전환하기!

사용실과 사용량 : 페어리 아크릴 90%, 모헤어 10%

　　　　　　　　스카프 64g(a실 10번 32g, b실 4번 32g)

　　　　　　　　비니 29g(a실 10번 18g, b실 4번 11g)

사용도구 : 줄바늘 3.75mm

게이지 : 8코 × 12단

뜨는 법 : 68쪽

오렌지 풀오버

넘치지 않는 화려함으로 나를 표현해 본다.

사용실과 사용량 : 페어리 150g
사용도구 : 대바늘 5호(3.6mm), 코바늘 3/0호
게이지 : 무늬편 12.5cm(31코 x 18단), 메리야스편 10cm(22코 x 28단)
뜨는 법 : 70쪽

줄줄이 랩 풀오버

늘 똑같은 일상에 작은 변화를 바라는 마음

사용실과 사용량 : 로얄 알파카 365g(A 0020번 265g,
B 6310번 100g, C 0022번 50g)
사용도구 : 대바늘 4mm, 3.5mm
게이지 : 22코 x 28단
뜨는 법 : 73쪽

짚업 재킷 – 엮음

지루하고 답답한 날들로부터 벗어나서 한가롭고도 나른한 날….
그러나 그 지루함과 답답함에 여전이 엮여 있음을 즐긴다.

사용실과 사용량 : 아슬란 로얄 알파카 6310번 315g + 0020번 185g, 별실 조금
사용도구 : 대바늘 4.5㎜, 4mm, 3.5mm
게이지 : 엮음 무늬편 26코 x 35단 / 단, 소매 무늬편 22코 x 28단
뜨는 법 : 75쪽

Purity girl 청순한 걸

마음은 언제나 소녀인데….
마냥 순수한 소녀이고 싶은 여자의 마음~

사용실과 사용량 : 빅토리아 VICTORIA 801번 320g
사용도구 : 대바늘 6호(3.9mm), 3.5mm
게이지 : 20코 X 28단
뜨는 법 : 79쪽

초록 페어리

커다란 꽃잎의 코르사주로 포인트를 준 귀여운 풀오버~

사용실과 사용량 : 카페 페어리(아크릴 90%, 키드 모헤어 10%) 10번 120g
사용도구 : 대바늘 5호(3.6mm), 코바늘 3/0호
게이지 : 22코 x 28단
뜨는 법 : 83쪽

토끼털 베스트

심플하면서 편안한 따뜻함이 느껴지는 토끼털 베스트

사용실과 사용량 : 빈센트 8p 6656번 159g
+ 아르누보 앙고라 100% 100번(진밤색) 60g
사용도구 : 코바늘 6/0호, 굵은 돗바늘
게이지(모눈뜨기) : 20코 x 12단
뜨는 법 : 86쪽

미니 넥워머

비록 작지만 따뜻하면서 겨울 패션의 포인트로도 훌륭한 미니 넥워머~

사용실과 사용량 : 빈센트 8p + 아르누보 앙고라 100% 40번(수박색) 44g, 70번(바이올렛) 46g
사용도구 : 코바늘 6/0호, 굵은 돗바늘
게이지(모눈뜨기) **:** 20코 x 15단
뜨는 법 : 88쪽

후드 롱 코트

겨울 외투의 무거움을 탈피하고자 넉넉한 후드와 뒤태의 풍성한 주름 위에
허리 장식으로 경쾌하고 발랄하게 표현

사용실과 사용량 : 빈센트 3p 2741번(2올) 580g + 스펙트라 63번(1올) 365g
사용도구 : 줄바늘 5mm / 왕단추 35mm 8개, 천싸개 스냅단추 6개
게이지 : 17코 x 22단
뜨는 법 : 89쪽

보트넥 원피스

때로는 소녀처럼… 때로는 여인으로 도발하고 싶은 날을 위한~
과감하게 드러낸 목선의 섹시함과 하이 웨이스트 라인으로 살짝 드레시한 원피스

사용실과 사용량 : 빈센트 3p 2741번 2올 314g + 스펙트라 63번 1올 211g
사용도구 : 줄바늘 5mm
게이지 : 17코 X 22단
뜨는 법 : 94쪽

Chapter 2

작품 도안

Leafage Pullover(여)

사용실과 사용량 : 빈센트 8p(여) 6656번 360g
사용도구 : 대바늘 6/0호(4.2mm)
게이지 : 22코 x 27단

뜨는 방법

♥1 앞뒤 몸판 1코 고무뜨기 시작코 98코를 만든다.

♥2 1코 고무뜨기 1단을 뜬다.

♥3 무늬 chart A를 21단을 뜬다.

♥4 무늬 chart B를 콧수 가감 없이 25cm를 뜬다.

♥5 도안을 참고하여 진동 줄임과 어깨 경사를 하고, 코막음한다.

♥6 앞뒤 몸판 어깨와 옆선을 꿰맨다.

♥7 목둘레에서 144코를 주어서 A무늬를 13단 뜨고, 돗바늘로 1코 고무뜨기 마무리한다.

♥8 소매는 1코 고무뜨기 시작코 62코를 만든다.

♥9 1코 고무뜨기 1단을 뜨고, A무늬를 뜬다.

♥10 4코를 분산하여 늘리면서 B무늬를 뜬다.

♥11 도안을 참고하여 소매통 늘림하고, 소매산 줄임한다.

♥12 소매 옆선을 꿰맨다.

♥13 몸판에 소매를 연결하여 완성한다.

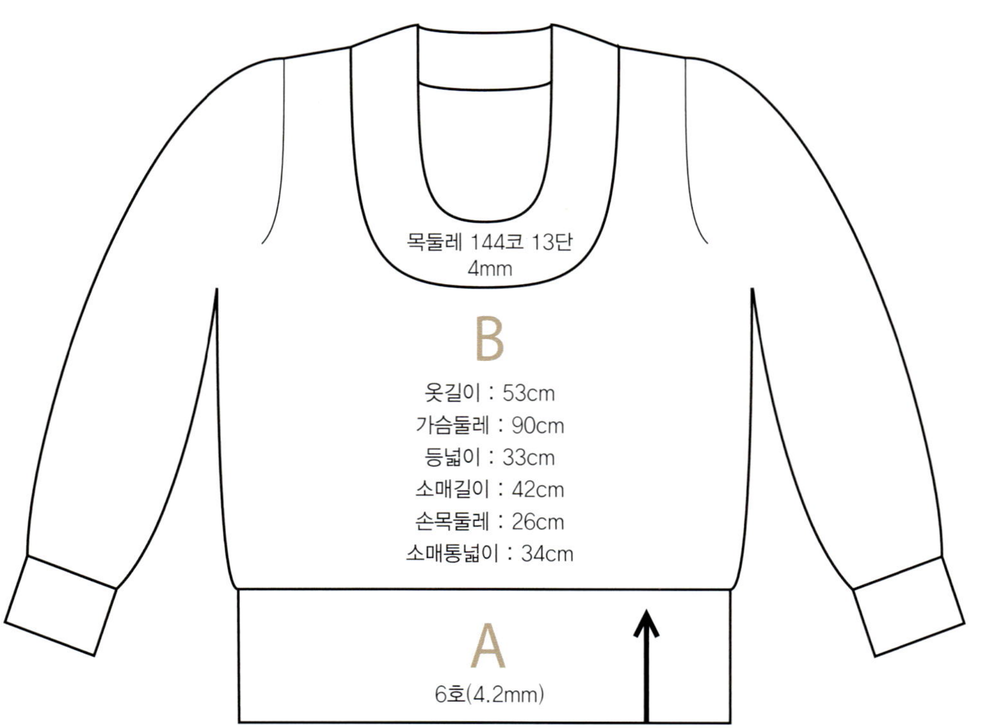

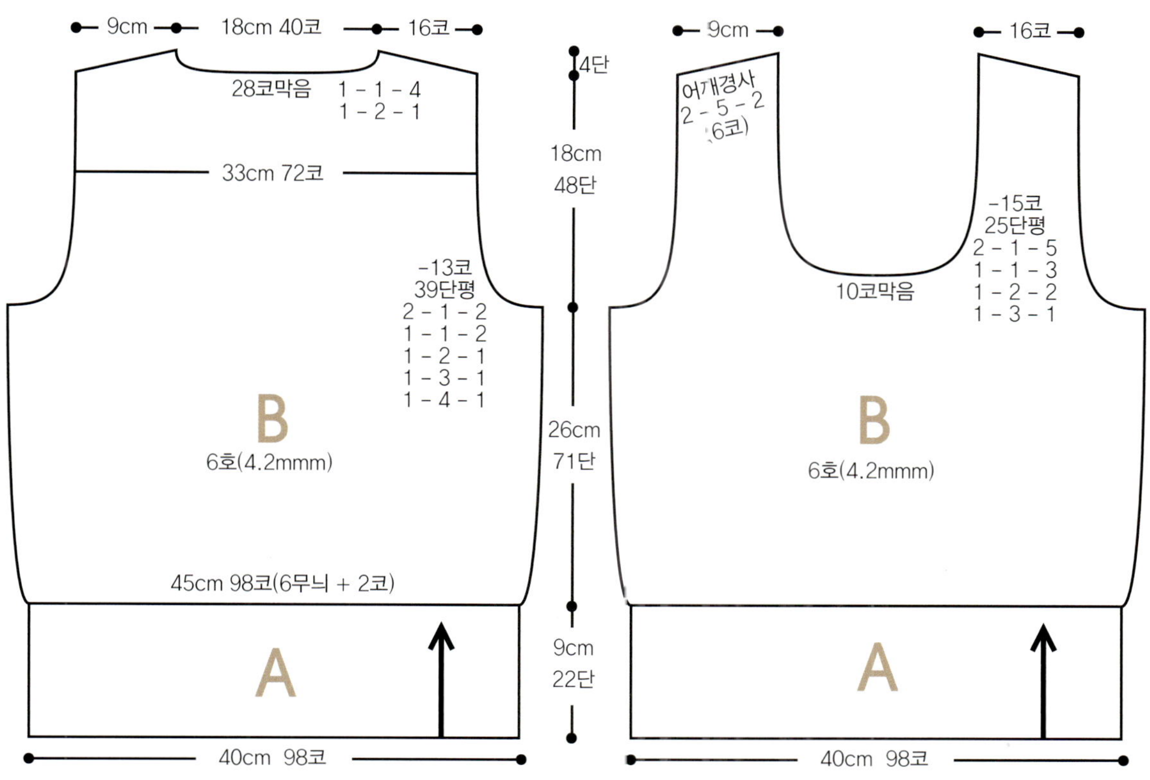
9cm
18cm 40코
16코
28코막음
1 - 1 - 4
1 - 2 - 1
33cm 72코
-13코
39단평
2 - 1 - 2
1 - 1 - 2
1 - 2 - 1
1 - 3 - 1
1 - 4 - 1
B
6호(4.2mmm)
45cm 98코(6무늬 + 2코)
A
40cm 98코
4단
18cm
48단
26cm
71단
9cm
22단
9cm
16코
어깨경사
2 - 5 - 2
(6코)
-15코
25단평
2 - 1 - 5
1 - 1 - 3
1 - 2 - 2
1 - 3 - 1
10코막음
B
6호(4.2mmm)
A
40cm 98코

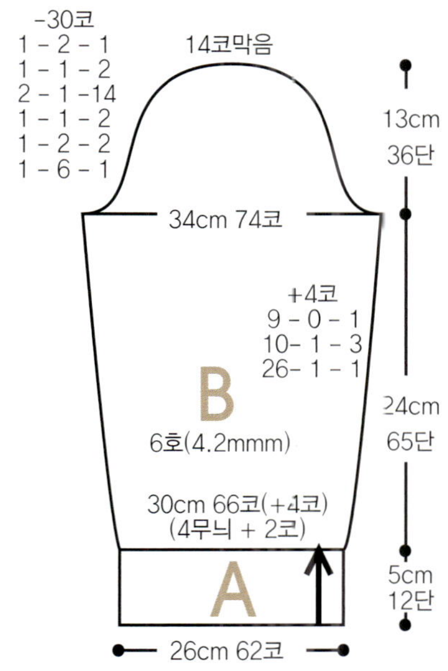
-30코
1 - 2 - 1
1 - 1 - 2
2 - 1 -14
1 - 1 - 2
1 - 2 - 2
1 - 6 - 1
14코막음
13cm
36단
34cm 74코
+4코
9 - 0 - 1
10- 1 - 3
26- 1 - 1
B
6호(4.2mmm)
24cm
65단
30cm 66코(+4코)
(4무늬 + 2코)
A
5cm
12단
26cm 62코

B

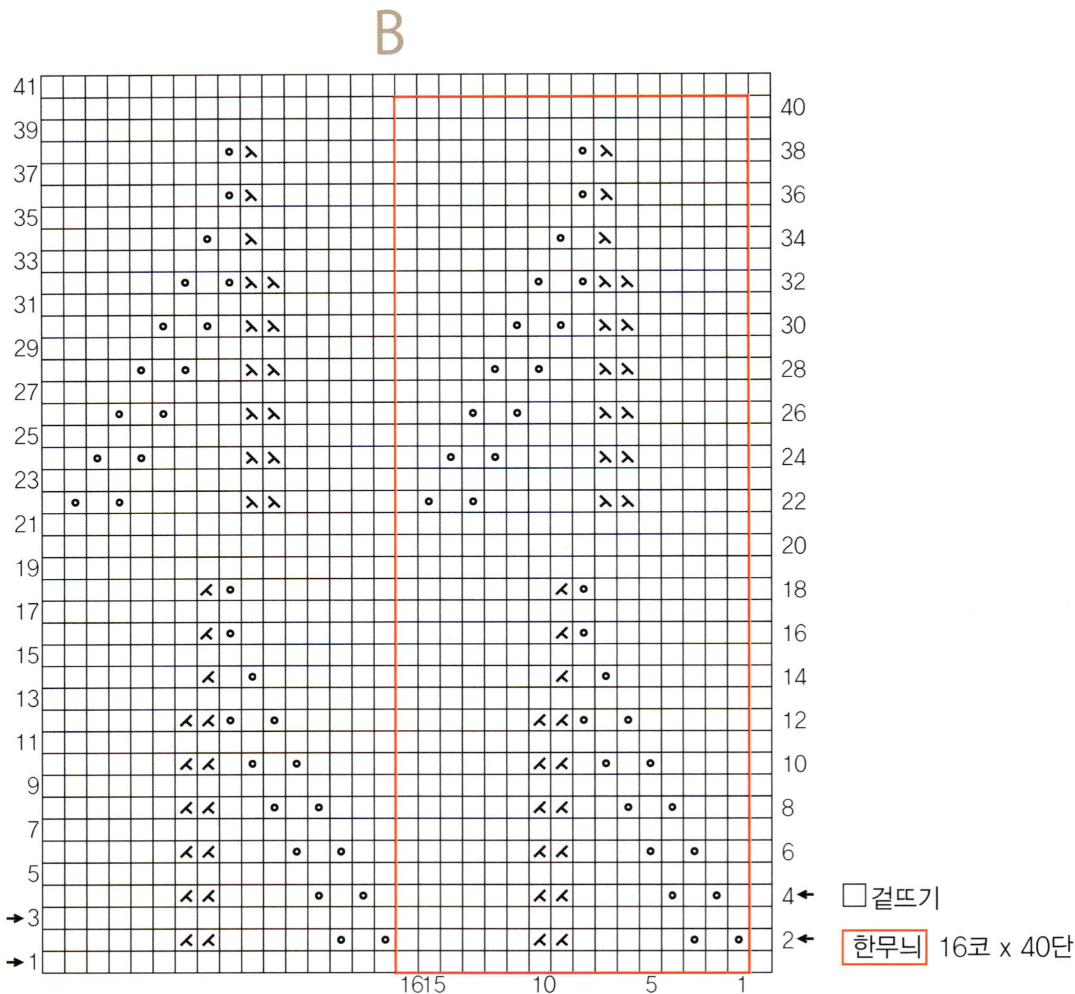

A

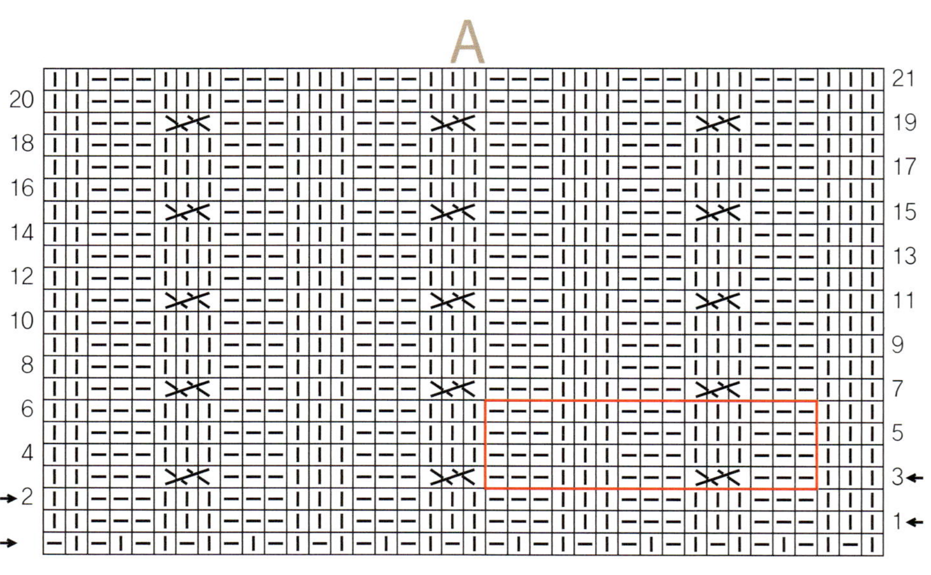

[단 무늬 chart]

한무늬 12코 x 4단

Leafage Pullover(남)

사용실과 사용량 : 빈센트 8p(남) 6660번 520g
사용도구 : 대바늘 6/0호(4.2mm)
게이지 : 22코 x 27단

뜨는 방법

♥1 앞뒤 몸판 1코 고무뜨기 시작코 110코를 만든다.

♥2 1코 고무뜨기 1단을 뜬다.

♥3 무늬 chart A를 21단을 뜬다.

♥4 4코를 분산하여 늘리고, 무늬 chart B를 콧수 가감 없이 35cm를 뜬다.

♥5 도안을 참고하여 진동 줄임과 어깨 경사를 하고, 코막음한다.

♥6 앞뒤 몸판 어깨와 옆선을 꿰맨다.

♥7 목둘레에서 132코를 주어서 A무늬를 9단 뜨고, 돗바늘로 1코 고무뜨기 가무리한다.

♥8 소매는 1코 고무뜨기 시작코 62코를 만든다.

♥9 1코 고무뜨기 1단을 뜨고, A무늬를 뜬다.

♥10 4코를 분산하여 늘리고, B무늬를 뜬다.

♥11 도안을 참고하여 소매통 늘림하고, 소매산 줄임한다.

♥12 소매 옆선을 꿰맨다.

♥13 몸판에 소매를 연결하여 완성한다.

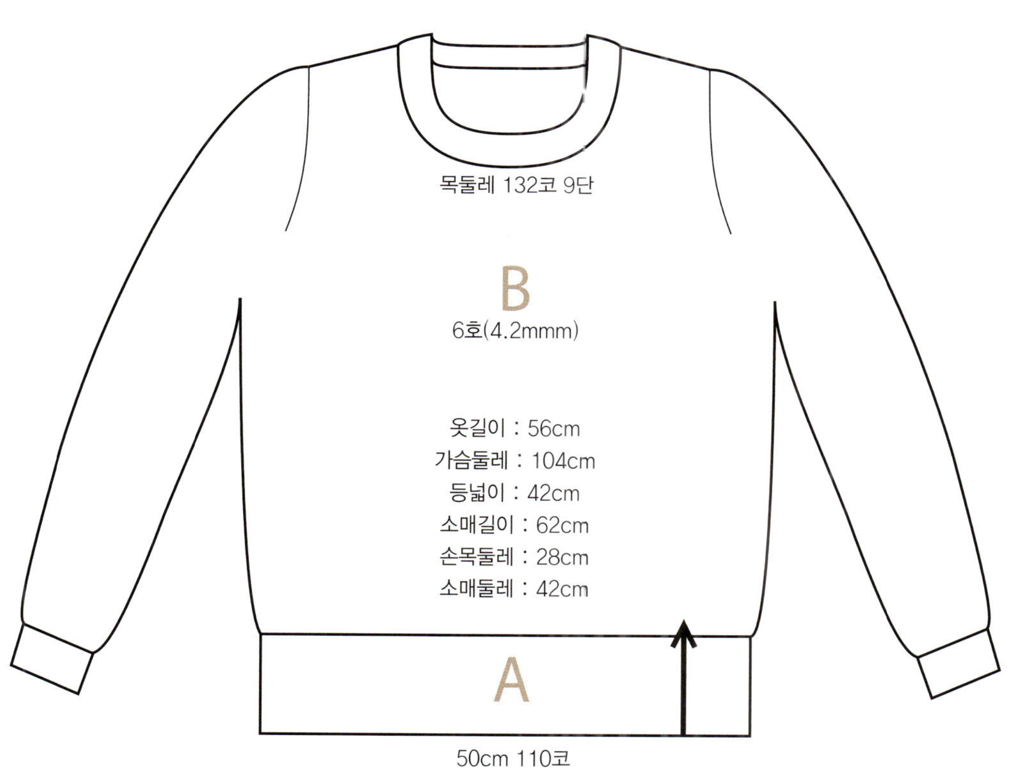

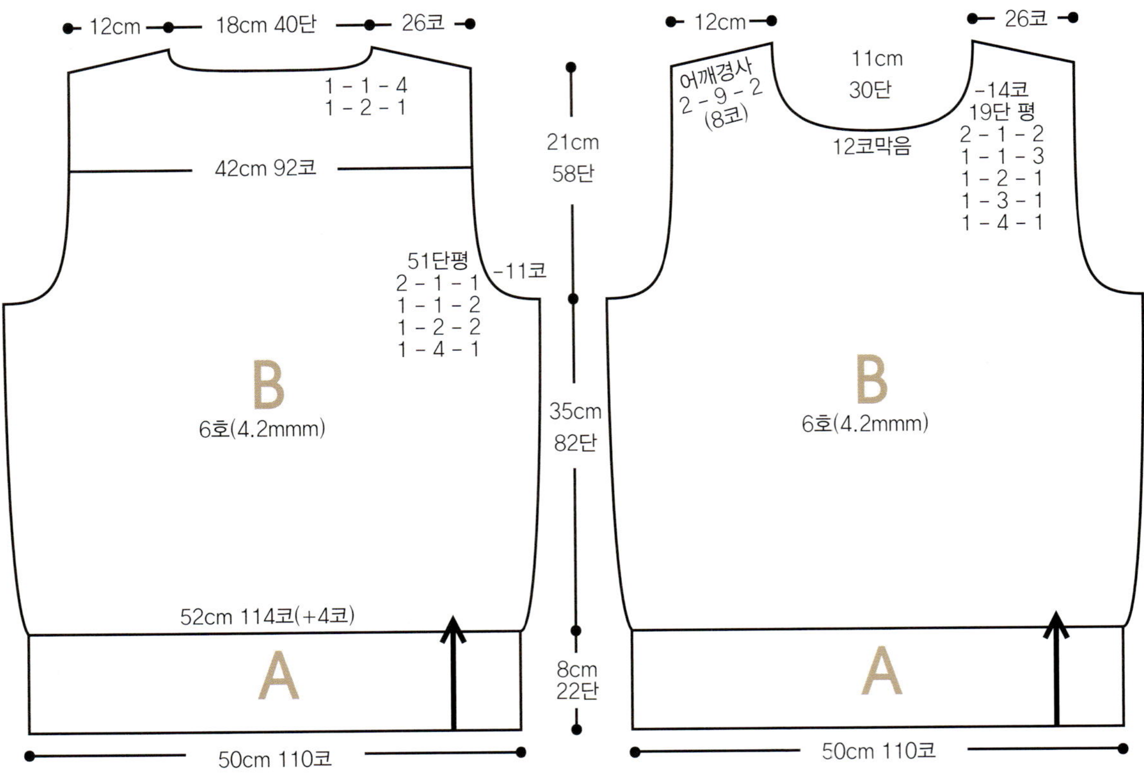
12cm
18cm 40단
26코
1 - 1 - 4
1 - 2 - 1
42cm 92코
21cm
58단
51단평
2 - 1 - 1
1 - 1 - 2
1 - 2 - 2
1 - 4 - 1
-11코
B
6호(4.2mmm)
35cm
82단
52cm 114코(+4코)
A
8cm
22단
50cm 110코
12cm
어깨경사
2 - 9 - 2
(8코)
11cm
30단
26코
-14코
19단 평
2 - 1 - 2
1 - 1 - 3
1 - 2 - 1
1 - 3 - 1
1 - 4 - 1
12코막음
B
6호(4.2mmm)
A
50cm 110코

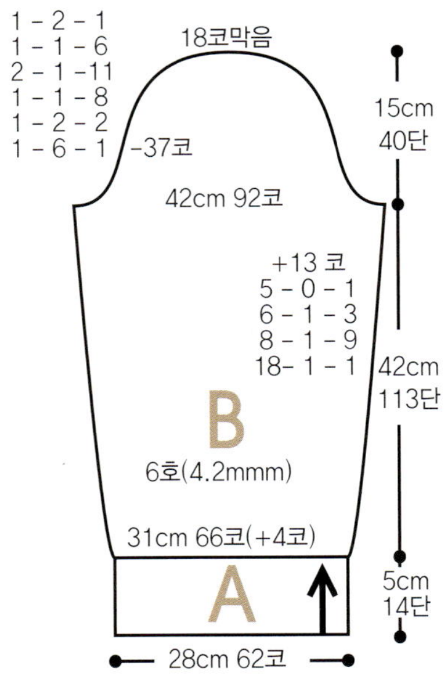
1 - 2 - 1
1 - 1 - 6
2 - 1 - 11
1 - 1 - 8
1 - 2 - 2
1 - 6 - 1
18코막음
-37코
42cm 92코
15cm
40단
+13 코
5 - 0 - 1
6 - 1 - 3
8 - 1 - 9
18 - 1 - 1
42cm
113단
B
6호(4.2mmm)
31cm 66코(+4코)
A
5cm
14단
28cm 62코

Sparky

사용실과 사용량 : 빅토리아 VICTORIA 803번(a색) 340g, 816번(b색) 180g
사용도구 : 대바늘 6호(3.9mm)
게이지 : A 22코 x 31단, B 20코 X 28단

뜨는 방법

♥1 a색실로 1코 고무뜨기 시작코 124코를 만든다.

♥2 1코 고무뜨기 1단을 뜬다.

♥3 메리야스뜨기 4단을 뜬다.

♥4 5단째 b색실로 바꾸어 뜨고, 4단 간격으로 배색하며
　　chart A를 참고하며 무늬를 뜬다.

♥5 진동 위로는 진동 줄임하면서 10cm 뜨고,
　　나머지 코는 쉼코로 바늘에 걸어 둔다.

♥6 또 한 장의 몸판을 똑같이 뜬다.

♥7 두 장의 몸판 옆선을 꿰맨다.

♥8 소매는 a색실로 1코 고무뜨기 시작코 68코를 만든다.

♥9 1코 고무뜨기 1단을 뜬다.

♥10 단색(a색실)으로 소매 도안을 참고하여 메리야스뜨기한다.

♥11 소매 옆선을 꿰맨다.

♥12 몸판에 소매를 연결한다.

♥13 왼쪽 소매산 중심에서 4코를 주어 '왼쪽 소매 – 앞몸판 –
　　 오른쪽 소매산까지'순으로 코를 줍거나,
　　 쉼코를 정리하면서 아이코드단을 뜬다.

♥14 계속하여 4코 아이코드를 80cm 뜨고 마무리한다.

♥15 오른쪽 소매에서 4코를 주어 왼쪽 소매를 향하여 아이코드단을 뜨고 리본을 뜬다.

♥16 양쪽 소매산에 위치한 아이코드 끈을 리본으로 묶어 예쁘게 장식한다.

옷길이 : 73cm
가슴둘레 : 43cm
등넓이 : 32cm
허리둘레 : 80cm
치마길이 : 46cm
소매길이 : 44cm
손목둘레 : 34cm
소매통넓이 : 34cm

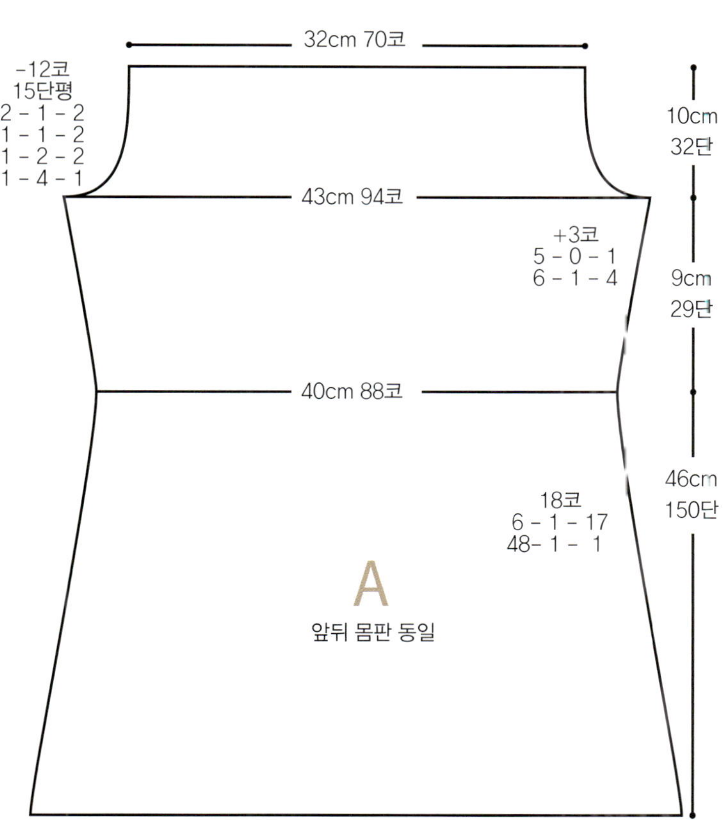

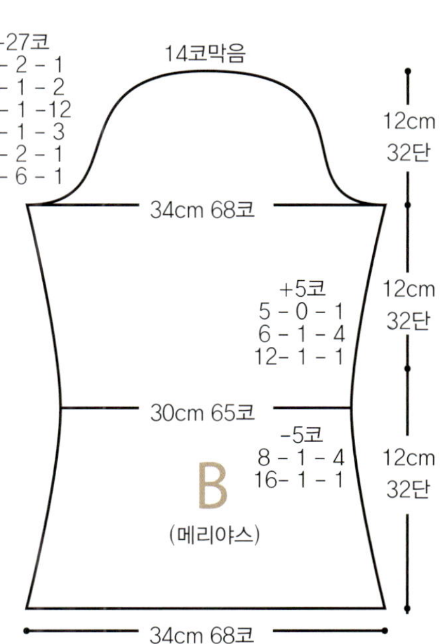

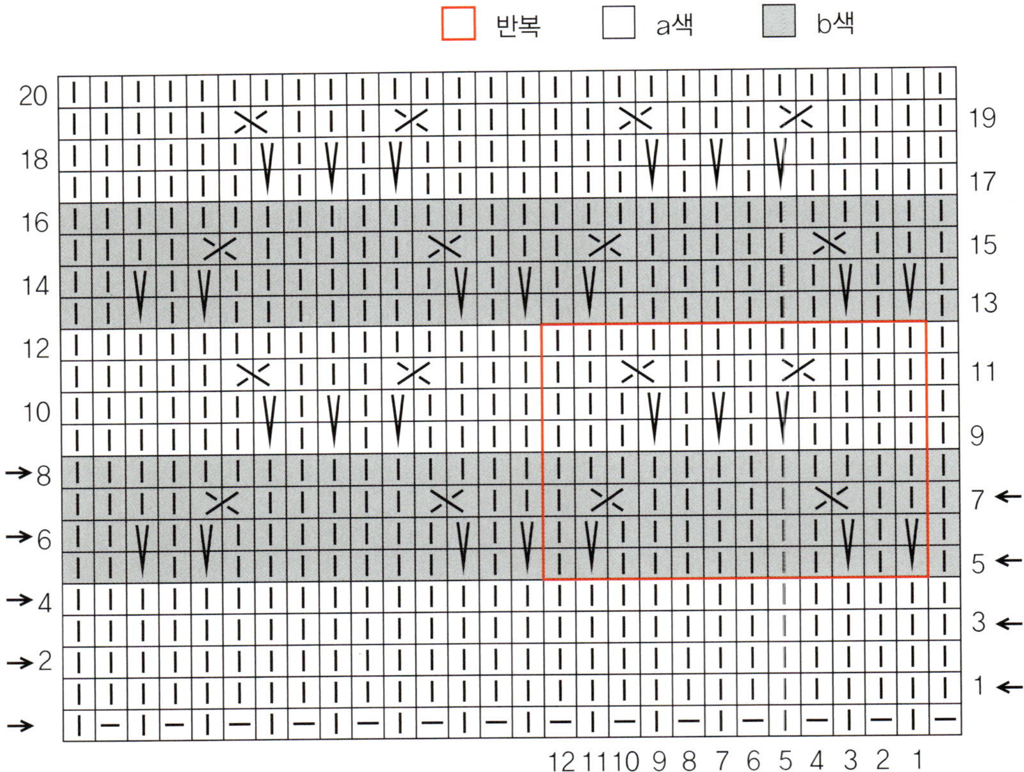

[A chart]

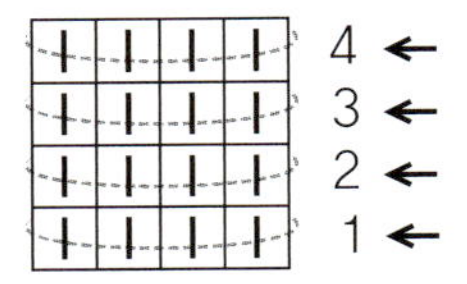

아이코드는 소매산으로부터
연장하여 80cm 정도 뜬다.
102쪽 아이코드 참조

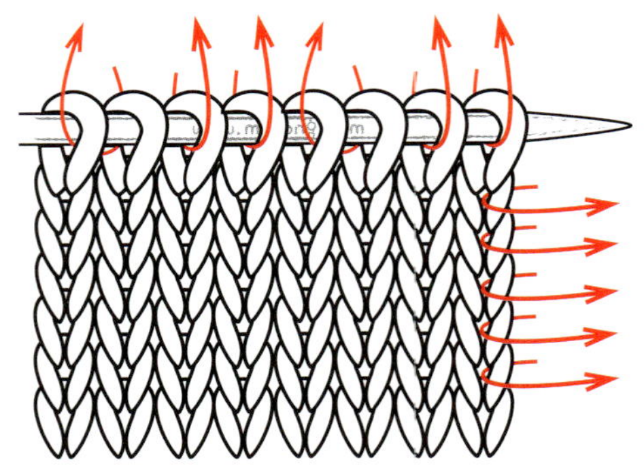

<아이코드단을 뜰 때 코를 줄거나 모아뜨기하는 위치>
단은 매 단마다, 코는 '1코 – 1코 – 2코 모아서'를 반복한다.

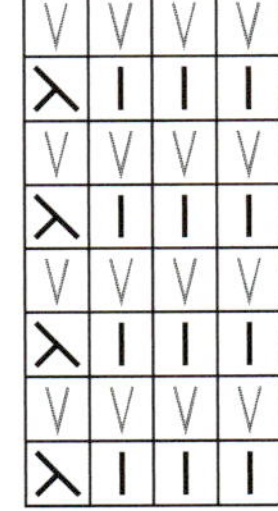

V 오른쪽 바늘의 코를 왼쪽 바늘로 옮긴다.

앞뒤 몸판과 소매의 어깨 부분에 아이코드 뜨는 방법

꾸밈 Set - 터틀넥 민소매 풀오버

사용실과 사용량 : Aipaca Paese 155g
사용도구 : 줄바늘 3mm, 3.5mm, 4mm
게이지 : 20코 x 27단

뜨는 방법

♥1 1코 고무뜨기 시작코 176코를 만든다.

♥2 둥글게 연결하여 앞뒤 몸판을 함께 떠 올린다.

♥3 콧수 가감하여 허리 라인을 만든다.

♥4 앞뒤 몸판을 나누고 진동 줄임과 동시에 '진동 줄임 chart'를 참고하여 소맷단과 함께 진행한다.

♥5 앞뒤 몸판의 어깨를 연결한다.

♥6 목둘레에서 100코를 줍는다.

♥7 줄바늘(둘레 바늘) 3mm, 3.5mm, 4mm로 20cm 정도를 각각 ⅓씩 뜬다.

♥8 코막음하여 마무리한다.

옷길이 : 47cm
가슴둘레 : 90cm
등넓이 : 35cm
진동길이 : 16cm
스커트길이 : 52cm
스커트둘레 : 100cm
허리둘레 : 76cm

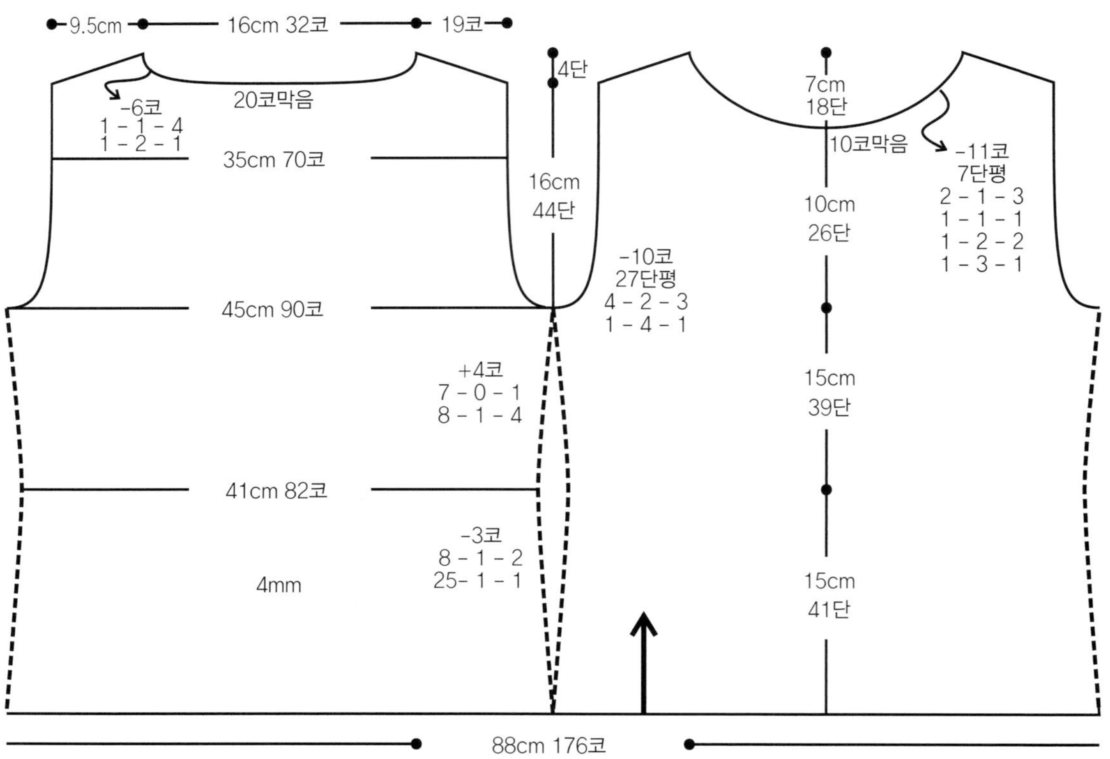

9.5cm
16cm 32코
19코
4단
20코막음
-6코
1 - 1 - 4
1 - 2 - 1
35cm 70코
7cm
18단
10코막음
-11코
7단평
2 - 1 - 3
1 - 1 - 1
1 - 2 - 2
1 - 3 - 1
16cm
44단
10cm
26단
45cm 90코
-10코
27단평
4 - 2 - 3
1 - 4 - 1
+4코
7 - 0 - 1
8 - 1 - 4
15cm
39단
41cm 82코
-3코
8 - 1 - 2
25- 1 - 1
4mm
15cm
41단
88cm 176코

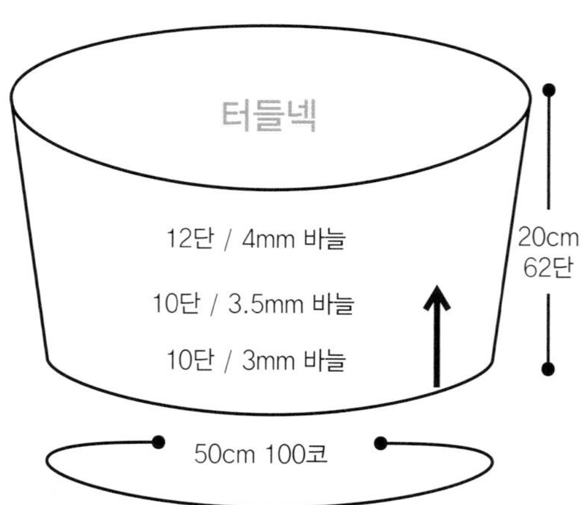

터들넥
12단 / 4mm 바늘
10단 / 3.5mm 바늘
10단 / 3mm 바늘
20cm
62단
50cm 100코

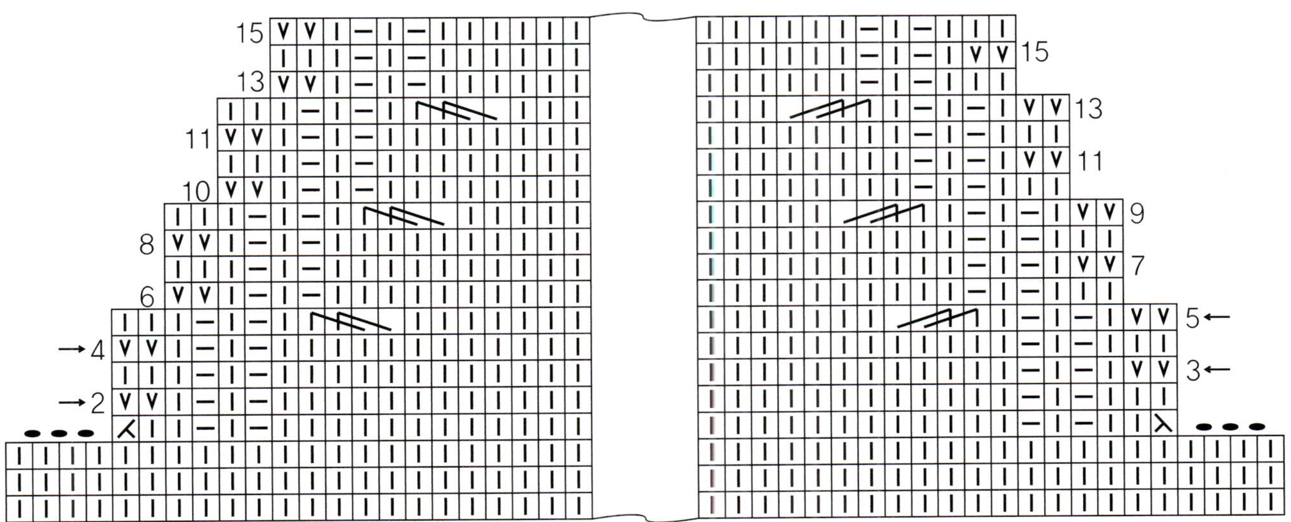

[진동 줄임 chart]

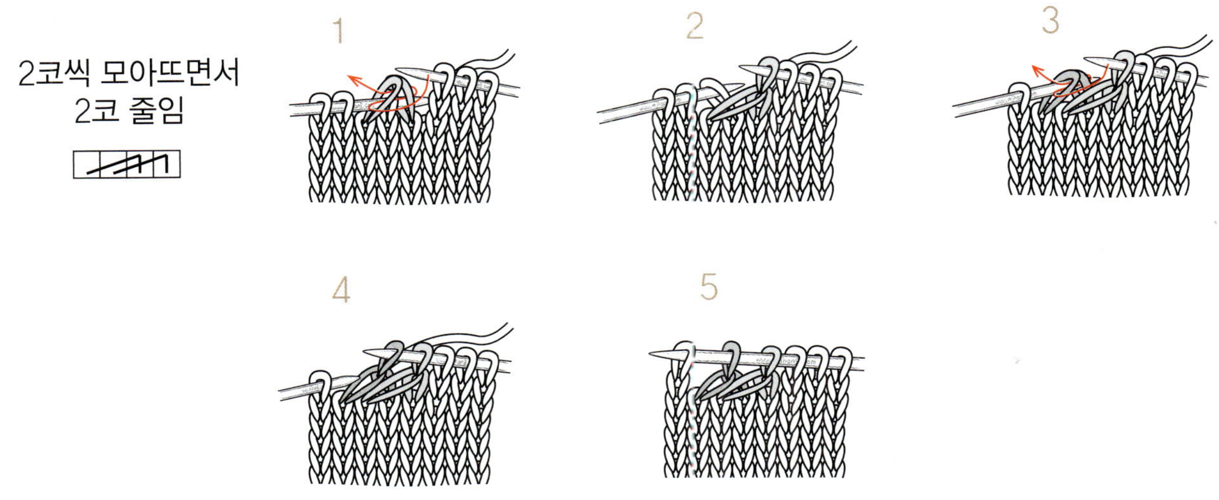

43

꾸밈 Skirt

사용실과 사용량 : Aipaca Paese A실 3102번 155g, B실 3105번 30g
사용도구 : 줄바늘 3.5mm, 4mm, 코바늘 6/0호
게이지 : 20코 x 27단

뜨는 방법

♥1 B실로 일반코 200코를 만든다.

♥2 둥글게 연결하고, 무늬 chart를 참고하여 무늬를 뜬다.

♥3 A실로 바꾸어서 메리야스뜨기로 콧수 가감 없이 스커트길이만큼 뜬다.

♥4 허릿단은 2코 고무뜨기를 뜨면서 5코마다 1코 줄임을 40회 하여 한 단에서 40코를 줄인다.

♥5 2코 고무뜨기를 뜨면서 4단마다 안뜨기코 위치에서 바늘비우기를 2회 한다.

♥6 2코 고무뜨기 돗바늘 마무리를 한다.

♥7 꽃장식 리본을 떠서, 허릿단 바늘비우기 코마다 꿰어 리본으로 묶어 준다.

♥8 꽃수는 스커트 메리야스편 위에 B실로 사슬뜨기하면서 직접 수놓는다.

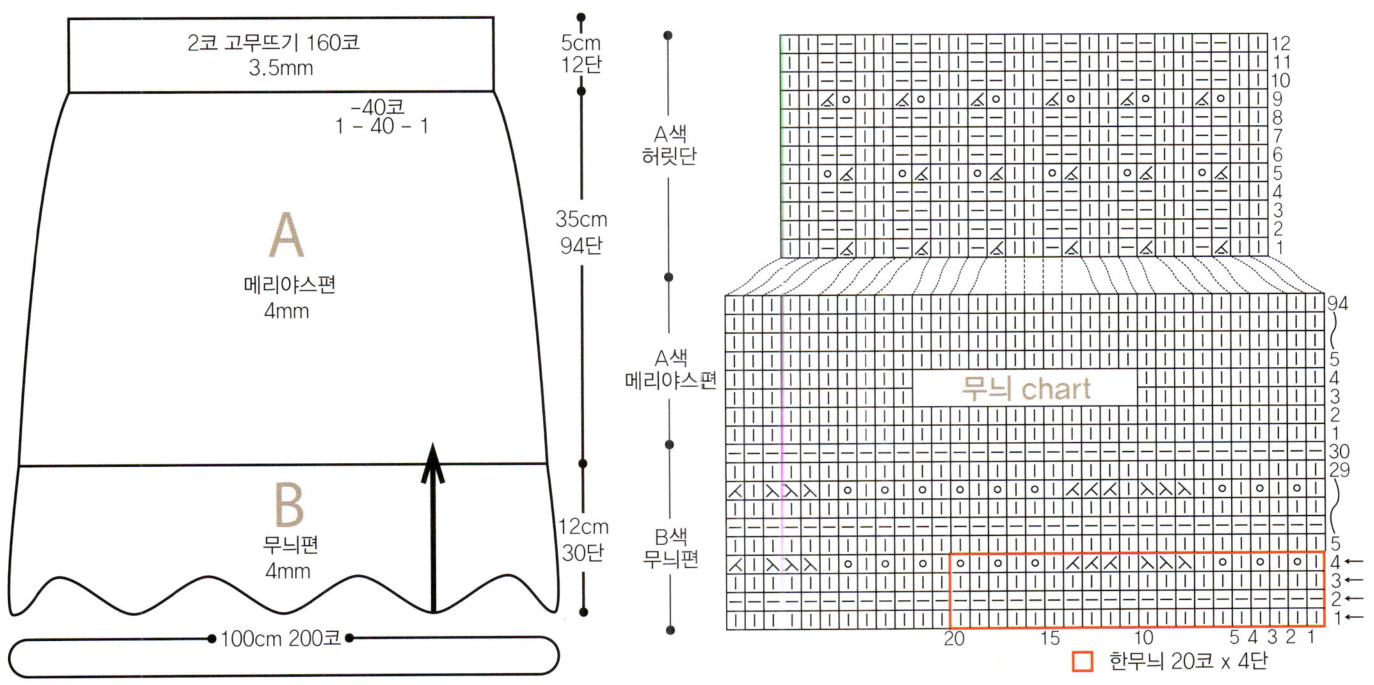

[skirt 허리 꽃장식 리본]

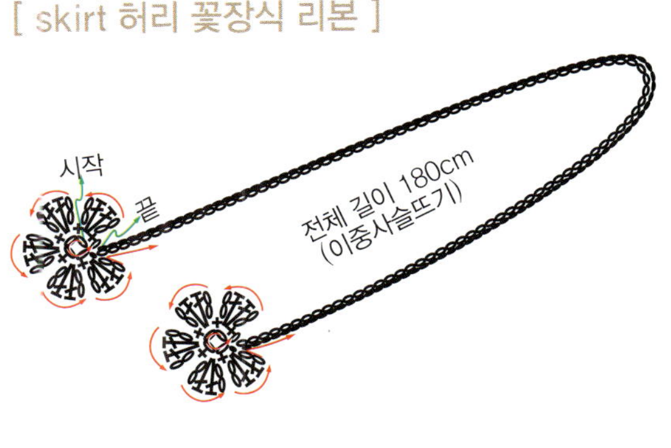

데이지(겸손한 아름다움)

사용실과 사용량 : 피코크 Peacock 716번 카디건 485g, 민소매 275g
사용도구 : 줄바늘 3.5mm, 코바늘 3/0호, 펄콩단추 10mm 6개
게이지 : 30코 x 29단

뜨는 방법

♥1 코바늘 시작코 127코를 만든다.
♥2 도안을 참고하여 뒷몸판을 뜬다.
♥3 앞몸판은 각각 67코를 만들어 뜬다.
♥4 앞뒤 몸판의 어깨를 연결하고 옆선을 꿰맨다.
♥5 코바늘로 오른쪽 앞몸판(66코) 아래에서부터 오른쪽 앞여밈단(111코)
　　– 목둘레(132코) – 왼쪽 앞여밈단(111코)
　　– 아랫단(66코+125코)으로 연결하여 함께,
　　오른쪽 앞여밈단에 단춧구멍을 내면서 가장자리단을 뜬다.
♥6 소매는 코바늘 시작코 90코를 만든다.
♥7 소매 도안을 참고하여 뜬다.
♥8 소매 옆선을 꿰맨다.
♥9 코바늘로 손목단 89코를 뜬다.
♥10 콩알단추를 달아 준다.

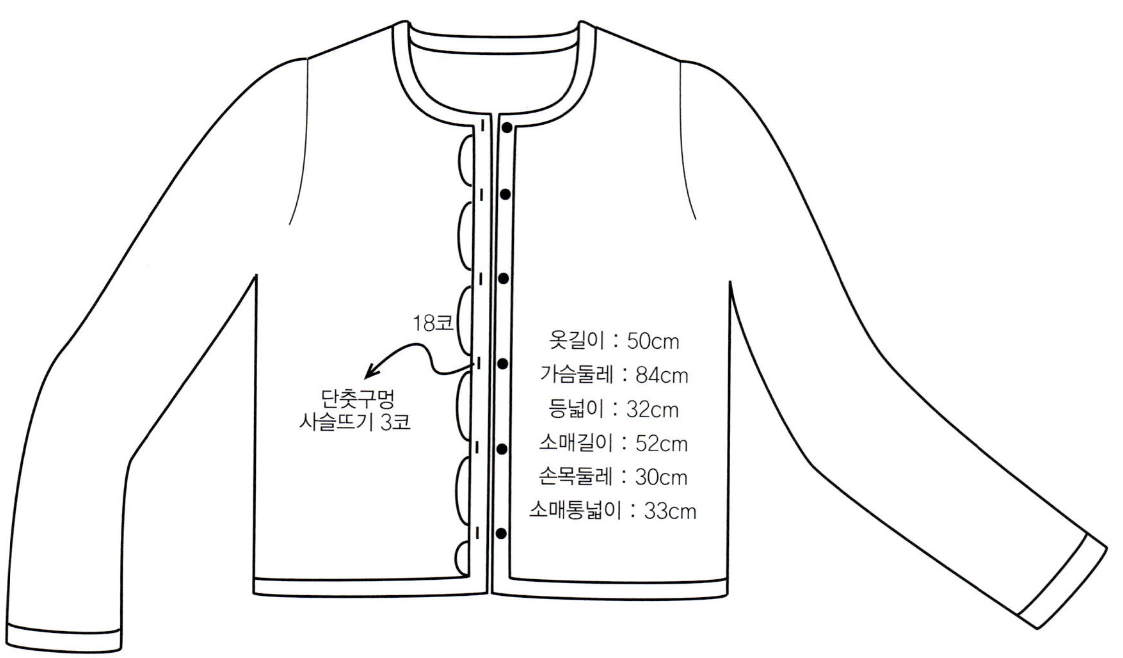

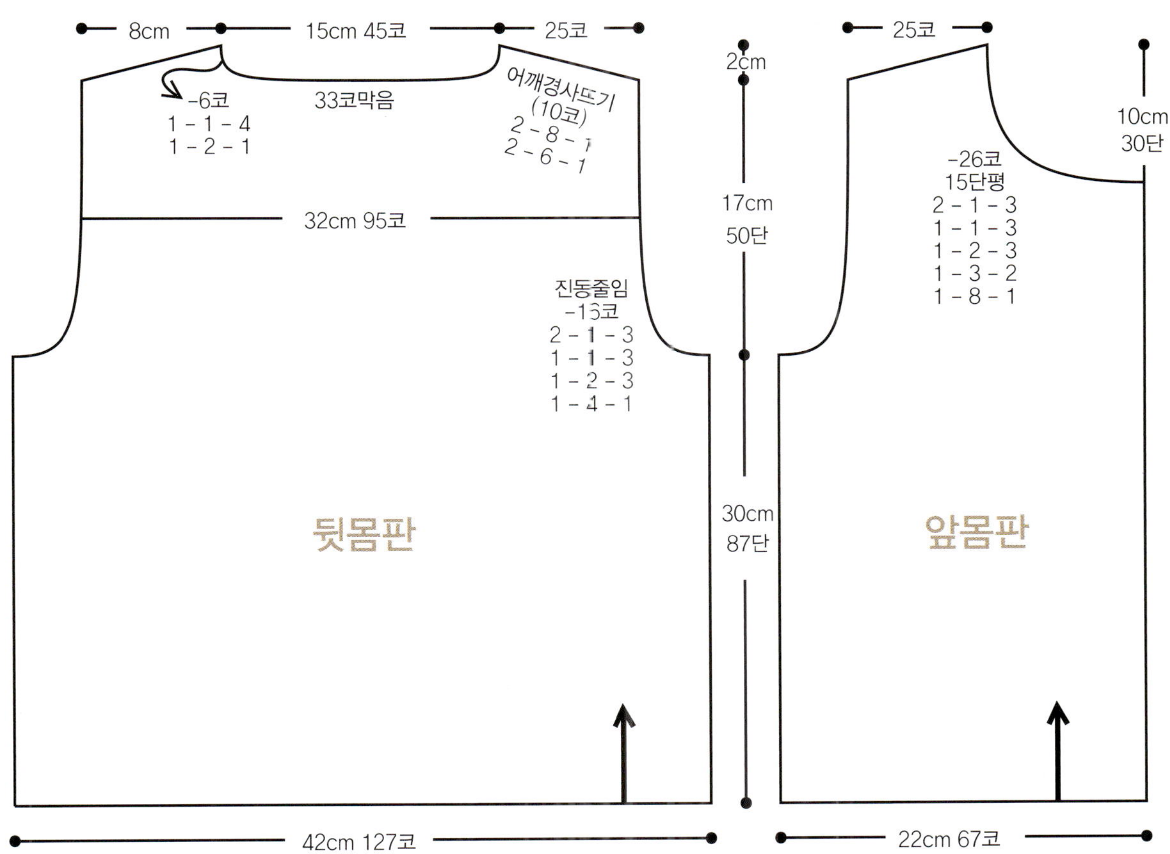

8cm
15cm 45코
25코
2cm
25코
10cm
30단
-6코
1 - 1 - 4
1 - 2 - 1
33코막음
어깨경사뜨기
(10코)
2 - 8 - 1
2 - 6 - 1
-26코
15단평
2 - 1 - 3
1 - 1 - 3
1 - 2 - 3
1 - 3 - 2
1 - 8 - 1
32cm 95코
진동줄임
-15코
2 - 1 - 3
1 - 1 - 3
1 - 2 - 3
1 - 4 - 1
17cm
50단
뒷몸판
30cm
87단
앞몸판
42cm 127코
22cm 67코

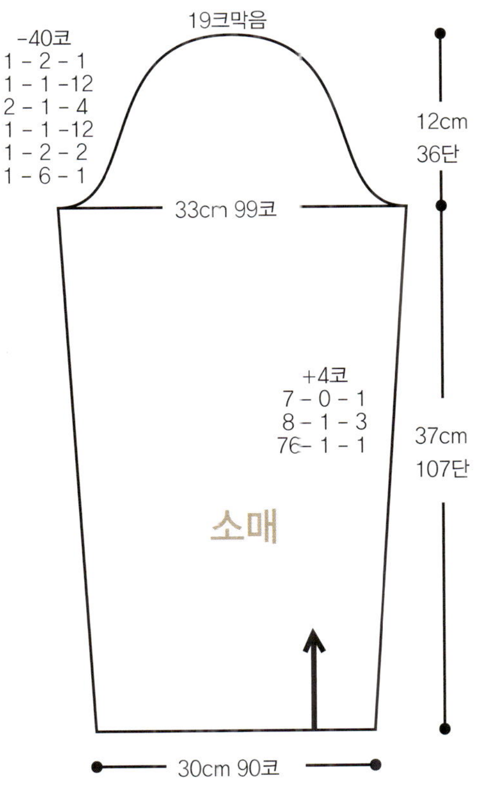

-40코
1 - 2 - 1
1 - 1 - 12
2 - 1 - 4
1 - 1 - 12
1 - 2 - 2
1 - 6 - 1
19코막음
12cm
36단
33cm 99코
+4코
7 - 0 - 1
8 - 1 - 3
7 - 1 - 1
37cm
107단
소매
30cm 90코

데이지 스티치 daisy stitch

한무늬 4코 x 4단

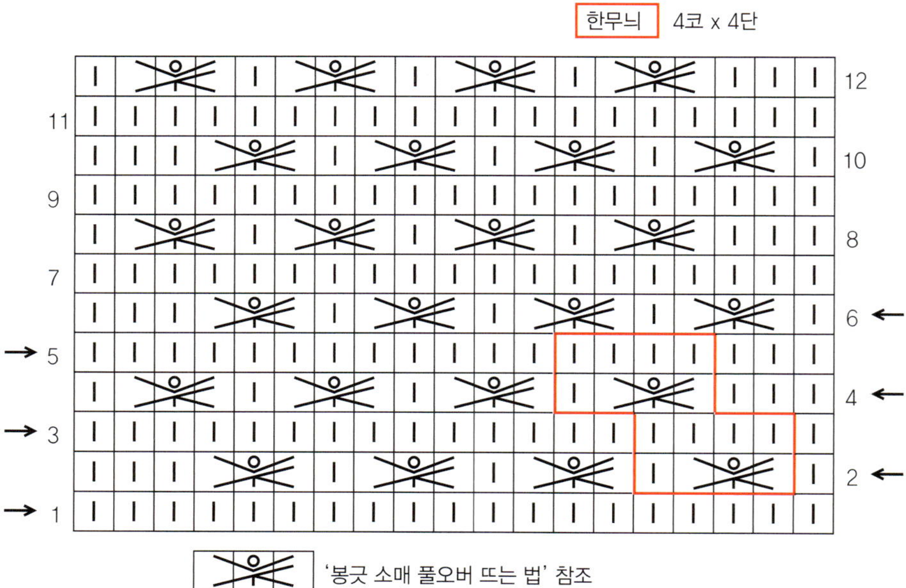

가장자리단 무늬

코바늘 3/0호
단마다, 코마다 거르지 않고 모두 떠 준다.

카디건
앞단+목둘레+아랫단 611코를 함께 둥글게 뜨고,
소맷단 89코도 둥글게 뜬다.

민소매
목둘레 143코, 아랫단 251코,
소매둘레는 각각 121코를 둥글게 뜬다.

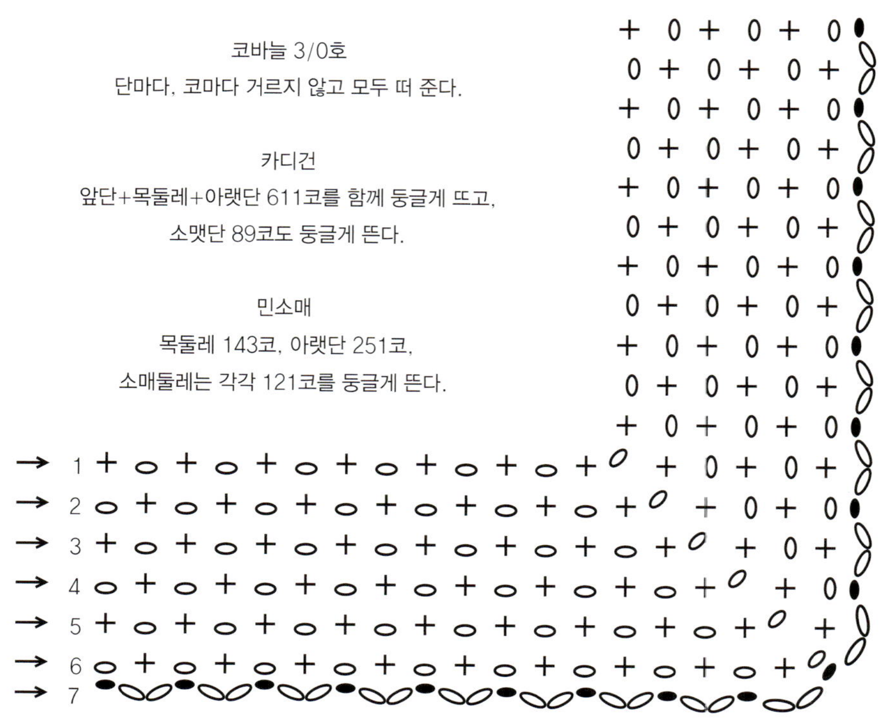

♥1 토바늘 시작코 127코를 만든다.

♥2 앞·뒤 몸판 도안을 참고하여 허리 라인을 만들면서 뜬다.

♥3 앞·뒤 몸판의 어깨를 연결하고 옆선을 꿰맨다.

♥4 토바늘로 목둘레 143코를 가장자리단 무늬를 뜬다.

♥5 왼쪽 소맷단은 진동둘레에서 121코를 뜬다.

♥6 0-랫단은 251코를 가장자리단 무늬를 뜬다.

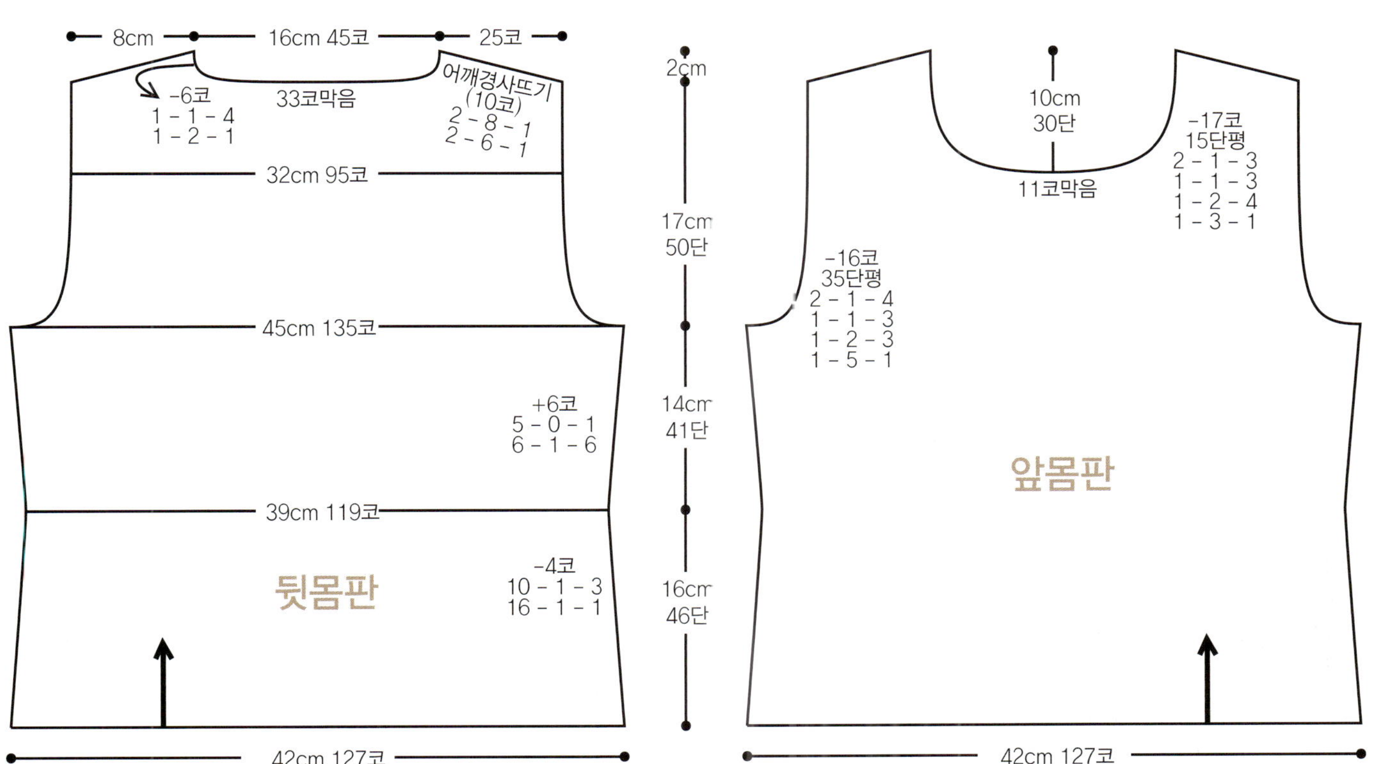

뒤트임 롱 베스트

사용실과 사용량 : 라세누 아크릴 100% 388g(바탕색 319g, 배색 69g)
사용도구 : 줄바늘 5.5mm
게이지 : 13코 x 18단

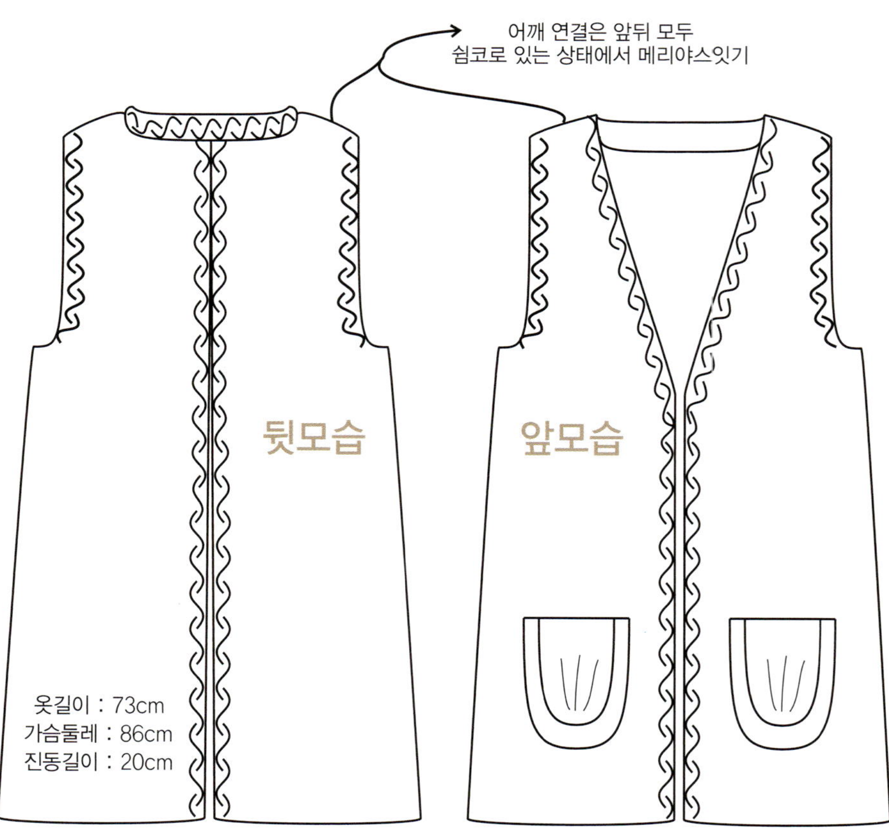

뜨는 방법

♥1 뒤트임 오픈 조끼이기에 뒷몸판도 두 장을 뜬다.

♥2 배색 꽈배기단이 포인트로 앞뒤 몸판 각각 두 장을 서로 대칭이 되게
　　꽈배기의 위치와 방향을 유의하며 떠 준다('앞몸판(왼쪽) chart' 참고).

♥3 바탕실로 1코 고무뜨기 시작코 35코를 만들고, 1코 고무뜨기 1단을 뜬다.

♥4 꽈배기 부분만 배색하면서 도안을 참고하여 뜬다.

♥5 특히 진동 부분의 꽈배기 방향을 앞몸판은 서로 같은 방향으로, 뒷몸판은 서로 마주 보는 방향으로 진행한다.

♥6 꽈배기 무늬가 바로 단이 되니 첫 코는 걸러뜨기하여 주고 단, 뒷몸판의 경우 등길이 35cm만큼은 꿰매기 위해 첫 코도 떠 준다.

♥7 주머니는 '주머니 chart'처럼 양옆의 꽈배기 방향을 같은 방향으로 뜨고 24단째(도안상엔 다시 1단)에 '1코 걸러뜨기 – 6코 겉뜨기
　　– 2코 모아뜨기 – 돌려잡고 – 1코 걸러뜨기 – 7코 안뜨기'를 왼쪽 바늘에 8코(왼쪽의 꽈배기단)가 남을 때까지 반복한 후

♥8 왼쪽 바늘의 8코를 꽈배기 방향으로 코의 순서를 바꿔 놓은 상태에서 오른쪽 바늘의 8코와 돗바늘로 메리야스잇기한다.

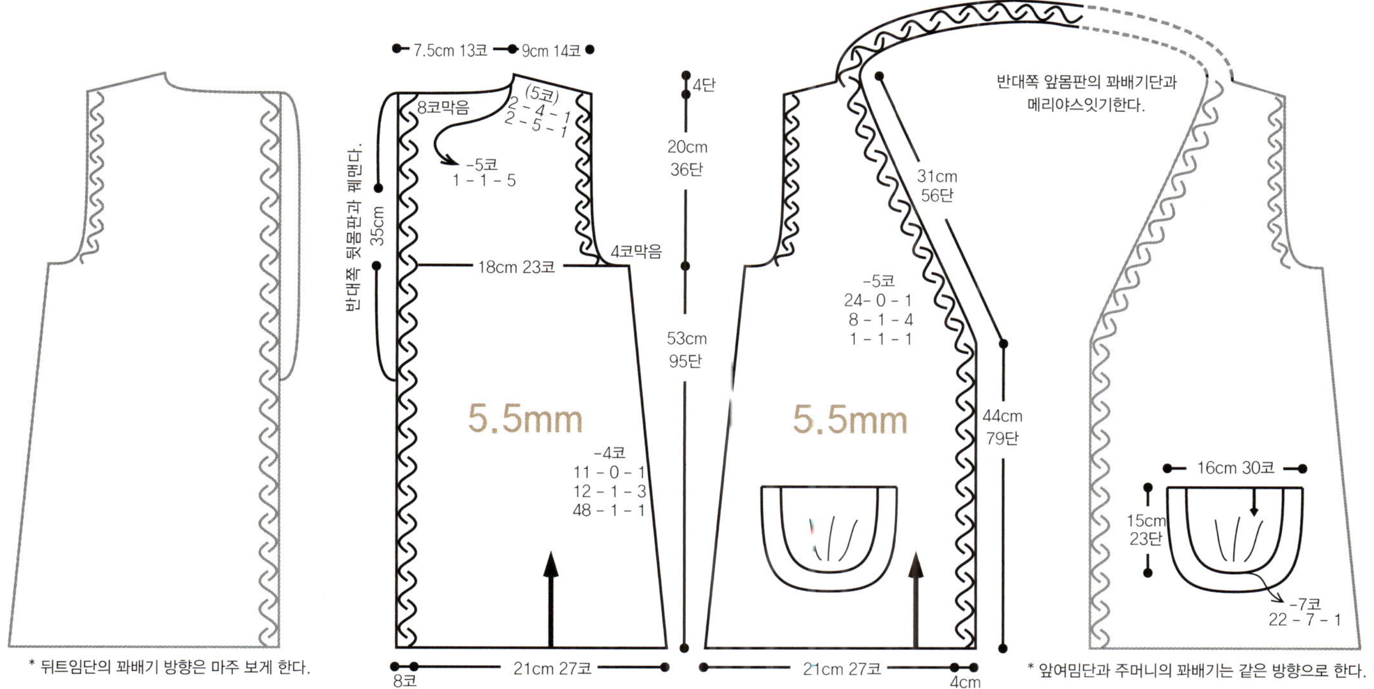

● 7.5cm 13코 ● 9cm 14코
8코막음
(5코)
2 - 4 - 1
2 - 5 - 1
-5코
1 - 1 - 5
4단
20cm
36단
반대쪽 뒷몸판과 꿰멘다.
35cm
18cm 23코
4코막음
53cm
95단
5.5mm
-4코
11 - 0 - 1
12 - 1 - 3
48 - 1 - 1
21cm 27코
8코
반대쪽 앞몸판의 꽈배기단과
메리야스잇기한다.
31cm
56단
-5코
24 - 0 - 1
8 - 1 - 4
1 - 1 - 1
5.5mm
44cm
79단
21cm 27코
4cm
16cm 30코
15cm
23단
-7코
22 - 7 - 1

* 뒤트임단의 꽈배기 방향은 마주 보게 한다.
* 앞여밈단과 주머니의 꽈배기는 같은 방향으로 한다.

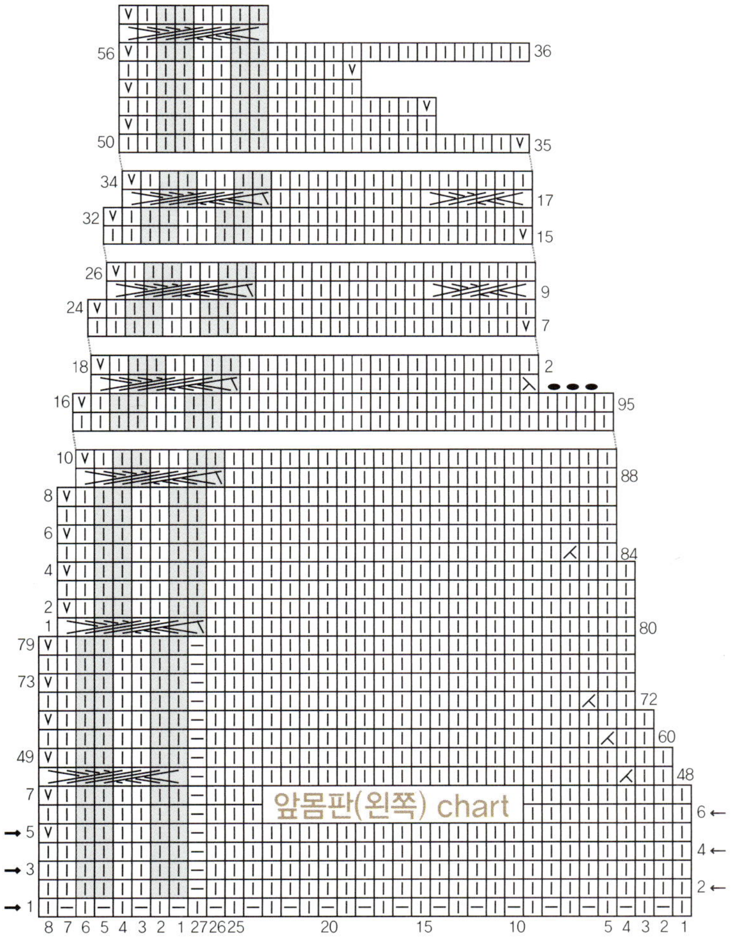

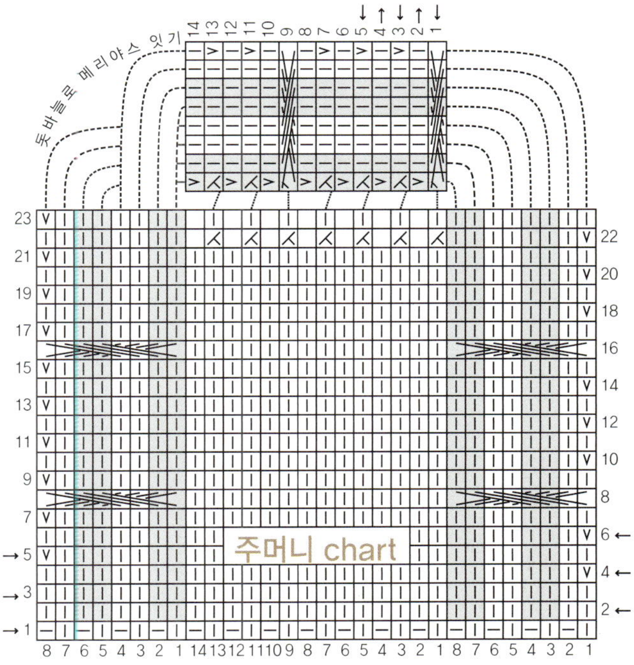

앞몸판(왼쪽) chart
주머니 chart
옷바늘로 메리야스 잇기

미니 재킷 – 벚꽃

사용실과 사용량 : 빈센트(로트렉) 10p 112번 460g
사용도구 : 대바늘 9호(4.8mm), 코바늘 7/0호, 총알토글단추 4cm 6개
게이지 : 16코 x 23단

뜨는 방법

♥1 코바늘 시작코 151코를 만든다.

♥2 앞여밈단(4코x2)은 몸판과 함께 떠 올리는 아이코드단으로 하고,

♥3 앞몸판(36코x2)과 뒷몸판(71코)을 모두 함께 떠 올린다.

♥4 아랫단은 양쪽 여밈단 8코를 제외하고 18코째마다 꼬아뜨기 1코씩 하면서 가터뜨기 7단을 한다.

♥5 몸판 chart를 참고하여 콧수 가감 없이 옆길이만큼 뜬다.

♥6 앞뒤 몸판을 나누어 각각 진동 줄임하면서 떠 올린다.

♥7 뒷몸판의 깃고대 줄임이나, 앞몸판의 목선 줄임은 하지 않는다.

♥8 앞뒤 몸판의 어깨선을 연결한다.

♥9 앞몸판 15코+깃고대 23코+앞몸판 15코 모두 53코를 깃고대 부분의 벚꽃 무늬는 계속 연결하면서
   후드 chart를 참고하여 뜬다.

♥10 소매는 코바늘 시작코 49코를 만든다.

♥11 중심코 1코를 꼬아뜨기하면서 가터뜨기 7단 뜬다.

♥12 소매 도안을 참고하여 콧수 가감하면서 뜬다.

♥13 소매 옆선을 꿰맨다.

♥14 몸판에 소매를 연결하여 완성한다.

♥15 사슬뜨기(15코)로 단춧고리를 만들어 오른쪽 총알단추와 함께 달아 주고,
   마주 보는 왼쪽엔 총알단추만 단다.

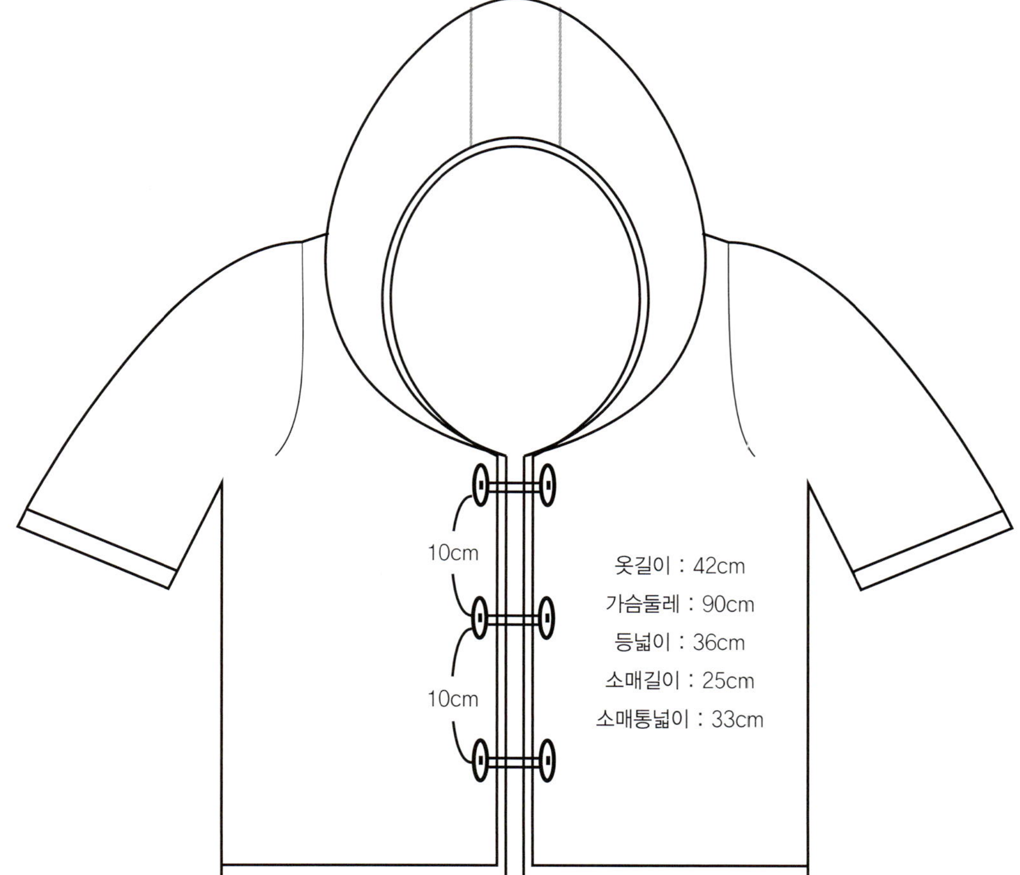

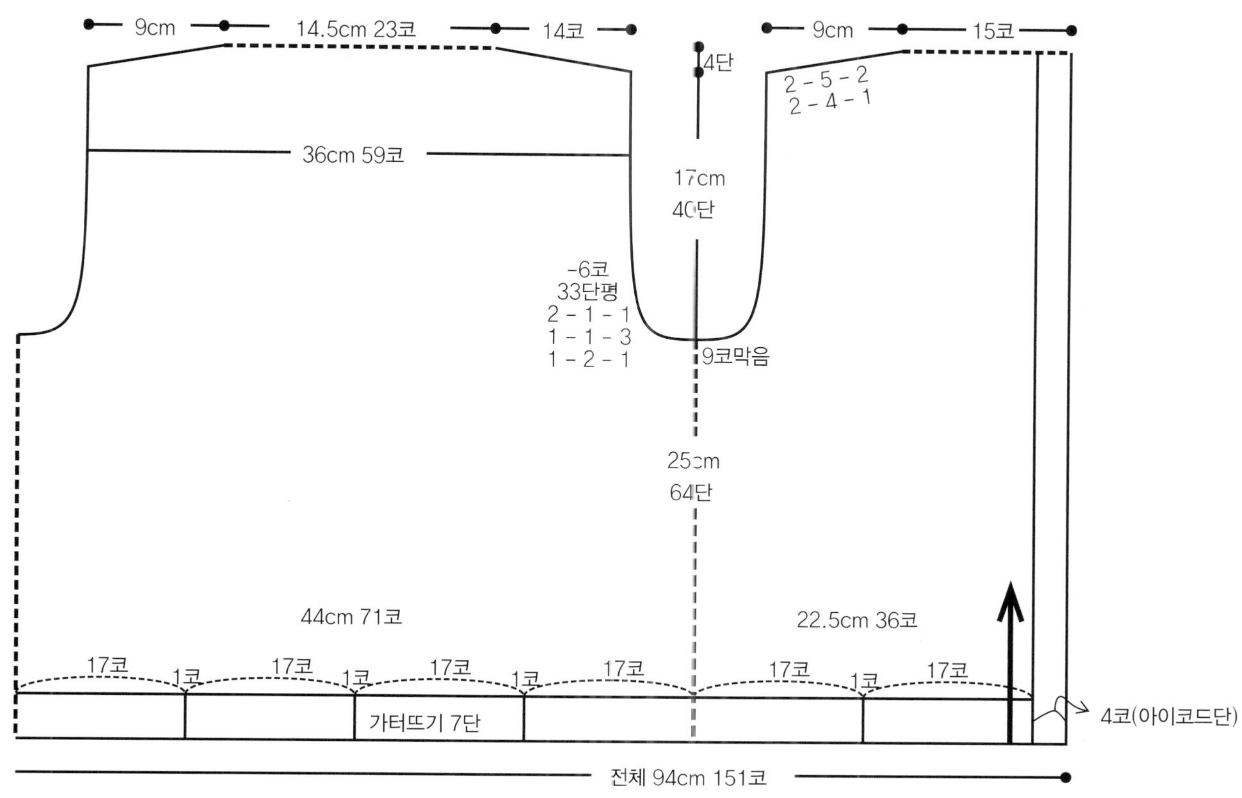

9cm
14.5cm 23코
14코
9cm
15코
4단
2 - 5 - 2
2 - 4 - 1
36cm 59코
17cm
40단
-6코
33단평
2 - 1 - 1
1 - 1 - 3
1 - 2 - 1
9코막음
25cm
64단
44cm 71코
22.5cm 36코
17코
1코
17코
1코
17코
1코
17코
17코
1코
17코
가터뜨기 7단
4코(아이코드단)
전체 94cm 151코

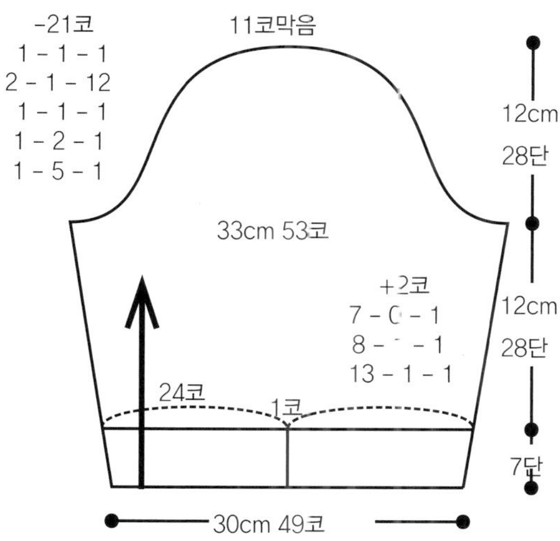

-21코
1 - 1 - 1
2 - 1 - 12
1 - 1 - 1
1 - 2 - 1
1 - 5 - 1
11코막음
12cm
28단
33cm 53코
+2코
7 - 0 - 1
8 - 1 - 1
13 - 1 - 1
12cm
28단
24코
1코
7단
30cm 49코

몸판 chart

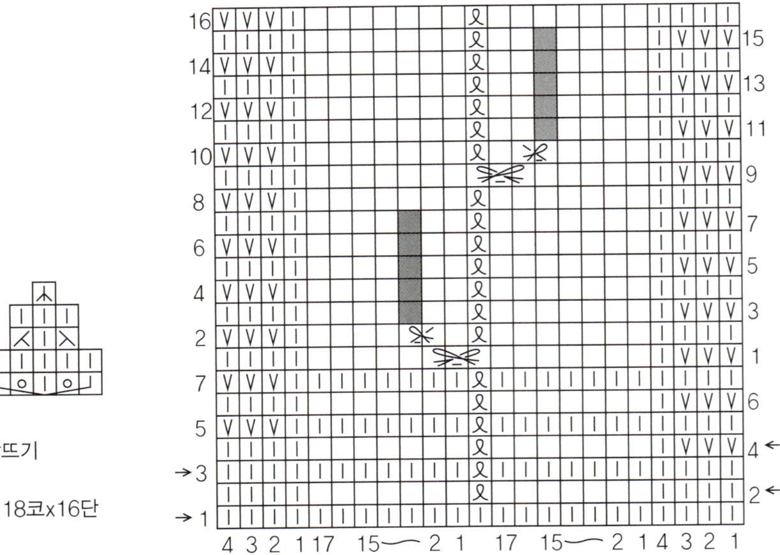

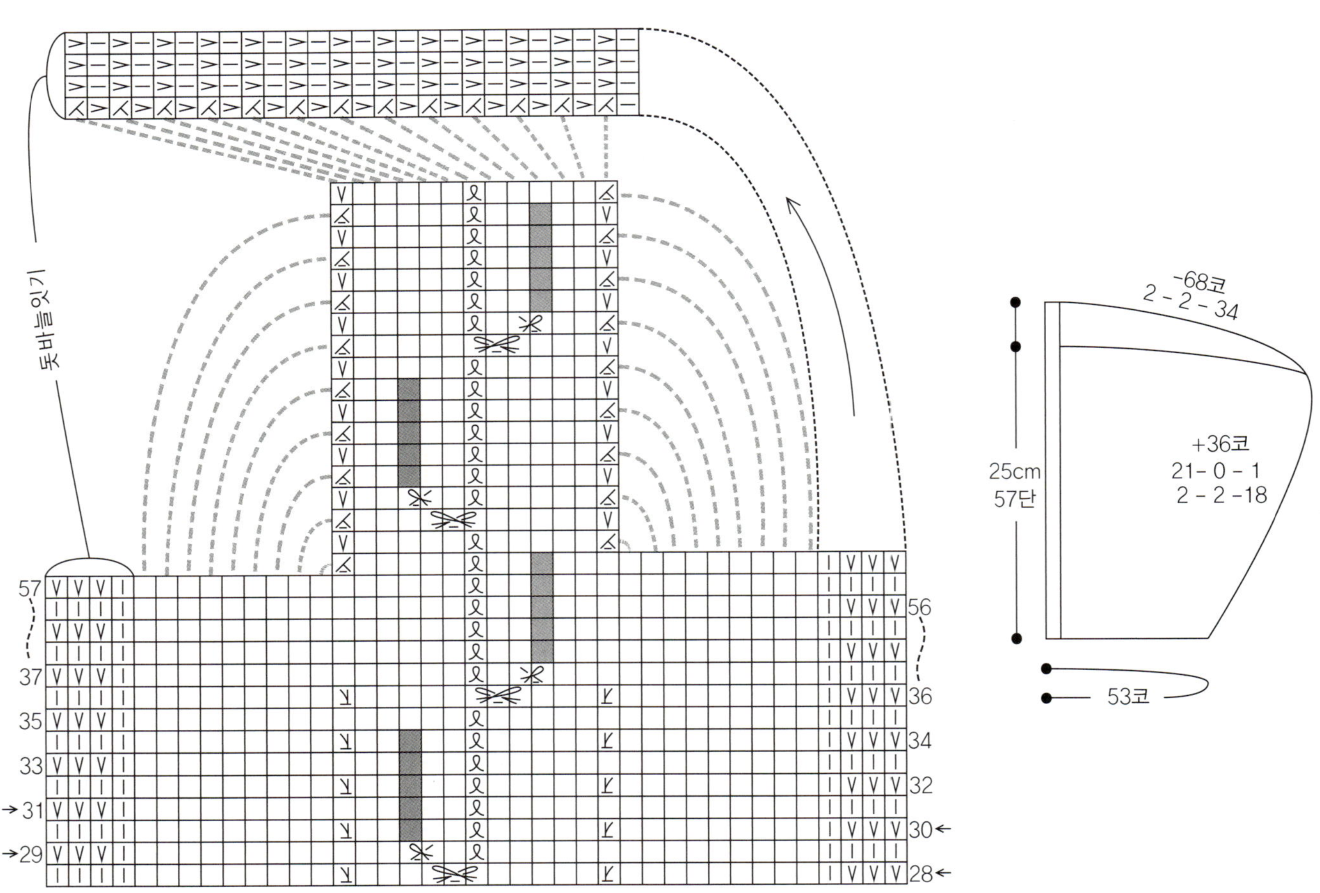

후드 chart

바이올렛 투피스

사용실과 사용량 : 빅토리아 VICTORIA 815번 재킷 420g, 스커트 290g
사용도구 : 대바늘 6호(3.9mm), 3.5mm, 코바늘 5/0, 고무 밴드(길이 75cm x 폭 3cm)
게이지 : 20코 X 28단

뜨는 방법

♥1 일반코 93코를 만든다.

♥2 앞뒤 몸판 도안을 참고하여 콧수 가감 없이 B무늬를 뜬다.

♥3 가운데 부분 41코는 A무늬를, 양쪽 옆으로는 메리야스뜨기를 허리 위로 떠 올린다.

♥4 진동 줄임과 목선 줄임, 어깨 경사를 각각 한다.

♥5 앞뒤 몸판의 어깨를 연결하고 옆선을 꿰맨다.

♥6 코바늘로 목둘레 142코를 짧은뜨기 1단 – 짧은이랑뜨기 1단을 뜨고,

♥7 마지막으로 코마다 빼뜨기를 하여 정돈하여 준다.

♥8 양옆 허리 부분에 사슬 15코를 떠서 허리 벨트 고정 고리를 만든다.

♥9 소매는 일반코 67코를 만들고 몸판처럼 소매 도안을 참고하여 뜬다.

♥10 소매 옆선을 꿰맨다.

♥11 몸판에 소매를 연결한다.

♥12 허리 벨트는 14코로 양면뜨기 140cm를 떠서 고정 고리에 끼워 리본으로 묶는다.

7.5cm
18cm 45코
15코
33코막음
(5코) 2-5-2
-6코 1-1-4 1-2-1
8.5cm
17코
14.5cm
29코
A
-12코
13cm
16cm 41코
26코
+3코 9-0-1 10-1-2 18-1-1
B
46cm 93코
17cm 48단
17cm 47단
13cm 38단
10cm 28단
11코막음
-12코 39평단 2-1-2 1-1-2 1-2-2 1-4-1
-17코 2-1-3 1-1-4 1-1-2 1-3-1 1-4-1
A
16cm 41코
B
15코막음
-29코 1-2-1 1-1-2 2-1-13 1-1-2 1-2-2 1-6-1
A
16코
12cm 34단
17cm 47단
13cm 38단
16cm 41코
13코
+3코 9-0-1 10-1-2 18-1-1
B
29cm 67코

B무늬

A무늬

□ 반복

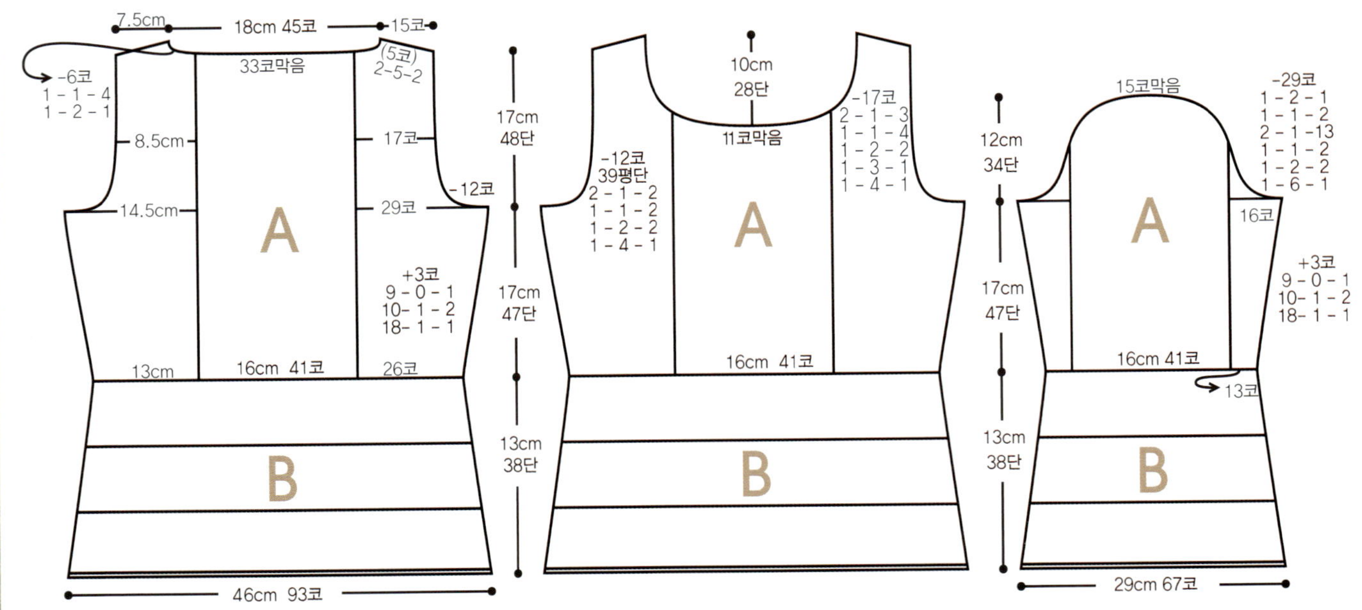

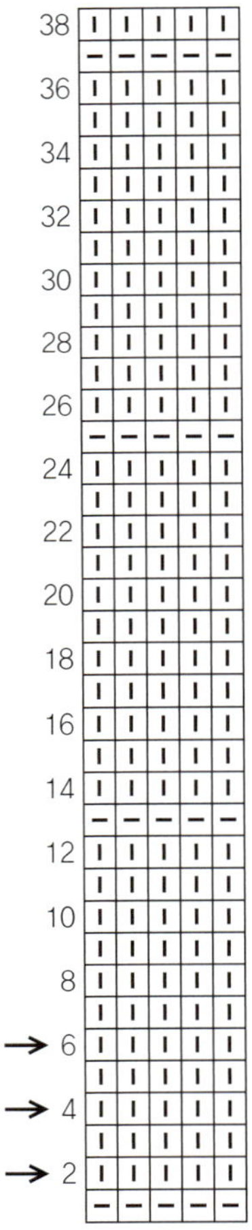

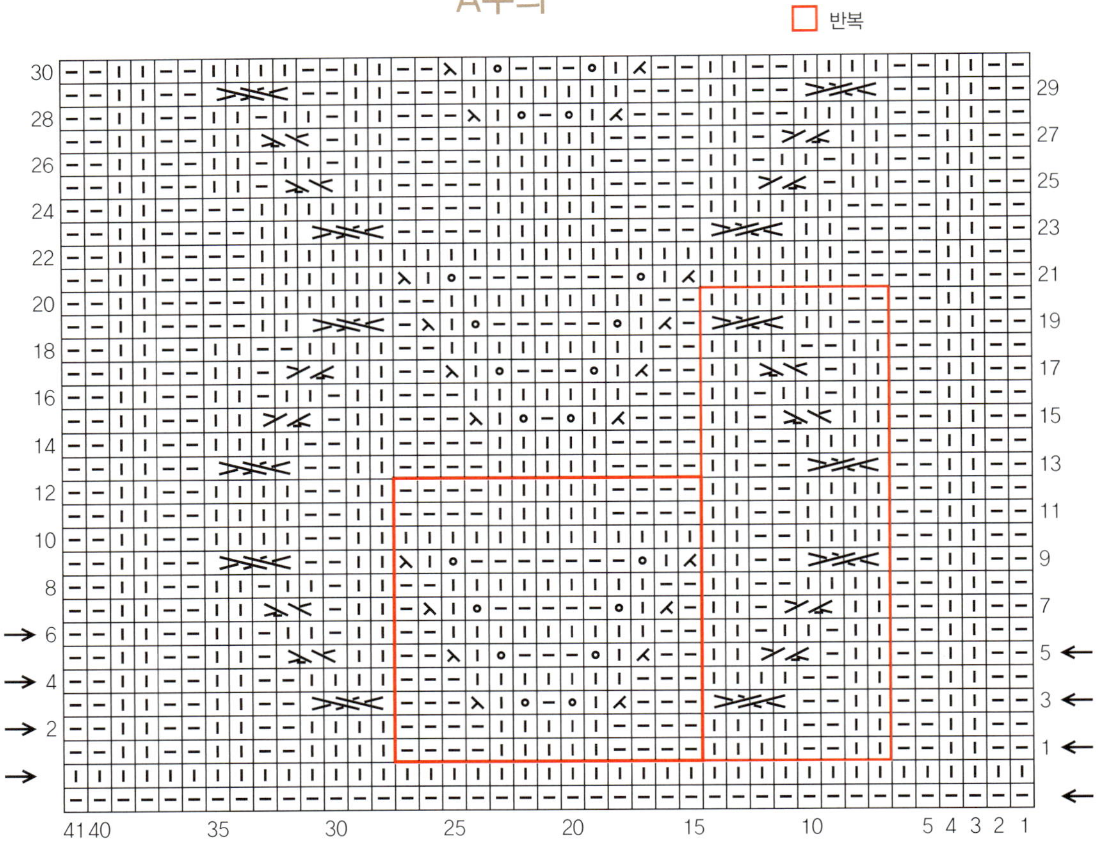

가장자리 무늬

코바늘 5/0호

목둘레단 142코

스커트 아랫단 232코

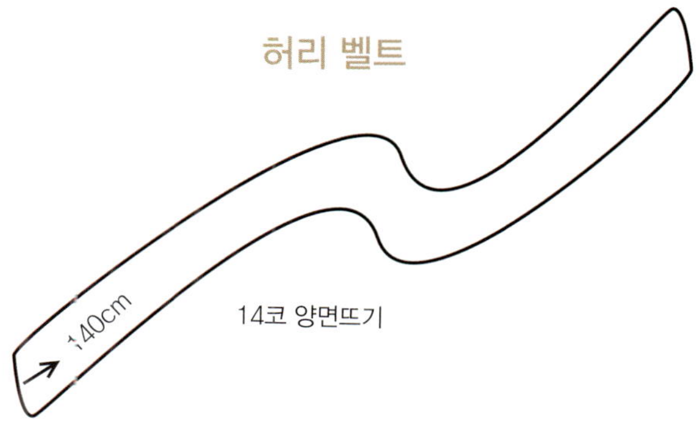

허리 벨트

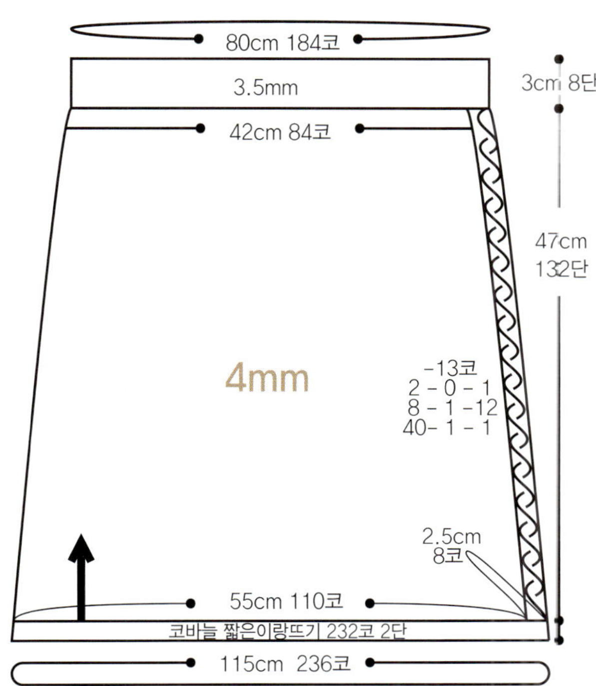

허릿단 뜨는 방법

♥1 스커트 허리는 184코를 겹단으로 16단을 뜨고,

♥2 메리야스잇기하고,

♥3 서너코 남겨 놓은 상태에서 고무 밴드를 넣고

♥4 남겨 놓았던 코를 마무리한다.

옆라인 무늬

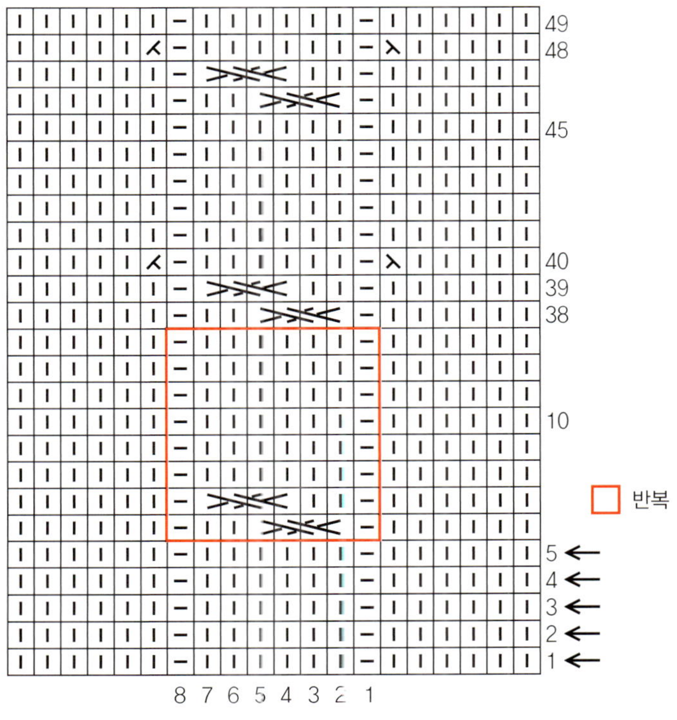

넥워머 보라토끼

사용실과 사용량 : 아르누보 앙고라 100% 70번 2볼
사용도구 : 줄바늘(둘레 바늘) 8mm, 벨벳 리본(길이 120cm x 폭 10cm)
게이지 : 1코 x 2단

뜨는 방법

♥1 일반코 90코를 만든다.
♥2 줄바늘(둘레 바늘)로 둥글게 연결한다.
♥3 콧수 가감 없이 20cm를 떠 올린다.
♥4 코막음으로 마무리한다.
♥5 벨벳 리본을 3/5 위치에 끼운다.
♥6 리본을 경계로 접어서 겹치는 안쪽에서 리본을 매어 고정한다.

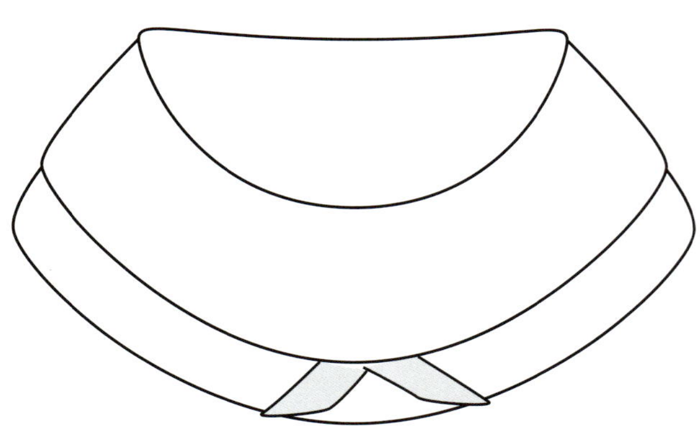

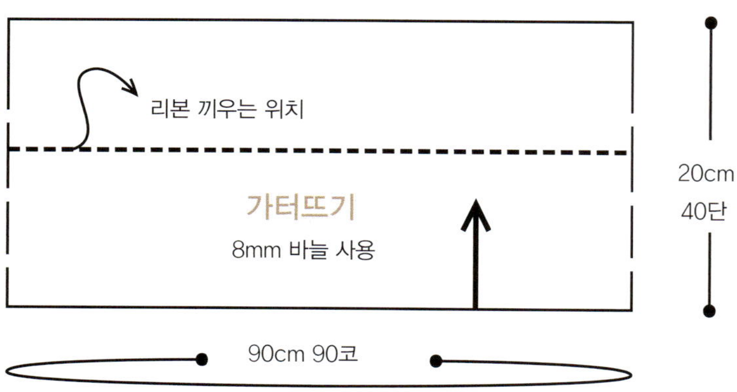

봉긋 소매 풀오버

사용실과 사용량 : 페어리 6번 133g
사용도구 : 대바늘 5호(3.6mm), 코바늘 4/0호
게이지 : 22코 x 27단

뜨는 방법

♥1 코바늘 시작코 앞몸판 86코, 뒷몸판 92코(6의 배수+2코)를 만든다.

♥2 몸판 chart를 참고하여 앞뒤 몸판을 뜬다.

♥3 앞뒤 몸판의 어깨와 옆선을 연결한다.

♥4 아랫단과 목둘레단은 코바늘 4/0호로 단 무늬를 참고하여 아랫단 177코, 목둘레 147코를 떠 준다.

♥5 소매는 몸판과 같이 코바늘로 시작코 54코를 만든다.

♥6 소매 chart에서 2단째와 6단째의 '2코 모아뜨면서 3코 만들기(✂)'를 한 단에서 13코씩, 두 번에 걸쳐 26코 늘린다.

♥7 소매길이만큼 콧수 가감 없이 35단을 뜨고, 소매산 줄임한다.

♥8 소매 옆선을 꿰매고, 코바늘로 소맷단 53코를 뜬다.

♥9 몸판에 소매를 연결하여 완성한다.

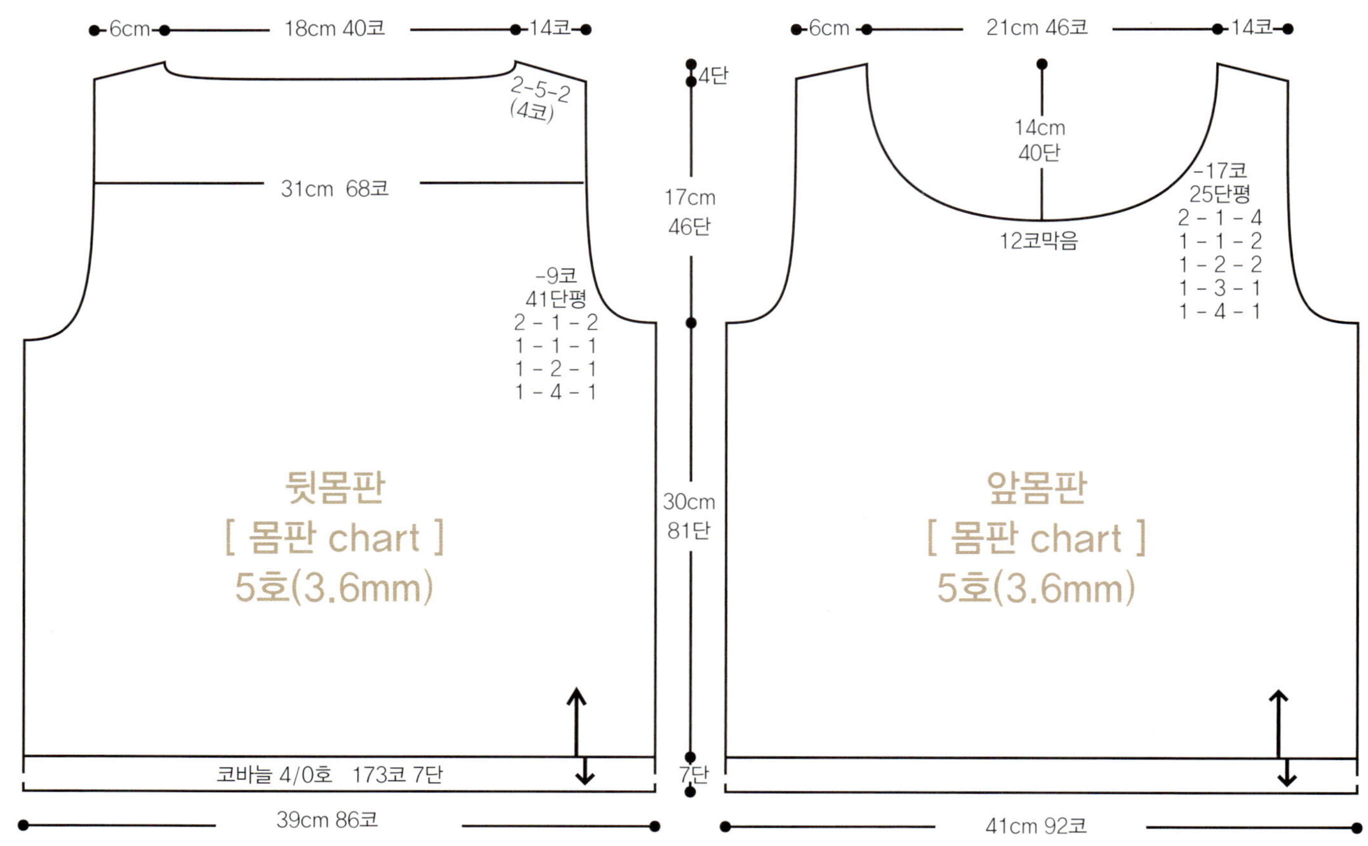

6cm
18cm 40코
14코
2-5-2
(4코)
31cm 68코
4단
17cm
46단
-9코
41단평
2-1-2
1-1-1
1-2-1
1-4-1
뒷몸판
[몸판 chart]
5호(3.6mm)
30cm
81단
코바늘 4/0호   173코 7단
7단
39cm 86코
6cm
21cm 46코
14코
14cm
40단
-17코
25단평
2-1-4
1-1-2
1-2-2
1-3-1
1-4-1
12코막음
앞몸판
[몸판 chart]
5호(3.6mm)
41cm 92코

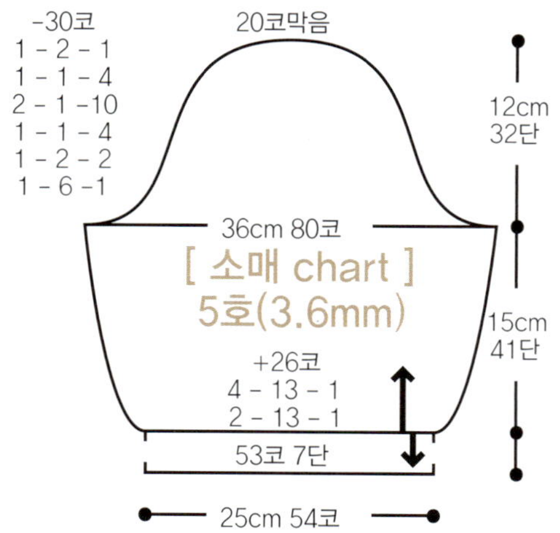

-30코
1-2-1
1-1-4
2-1-10
1-1-4
1-2-2
1-6-1
20코막음
12cm
32단
36cm 80코
[소매 chart]
5호(3.6mm)
15cm
41단
+26코
4-13-1
2-13-1
53코 7단
25cm 54코

단 무늬 코바늘 4/0호

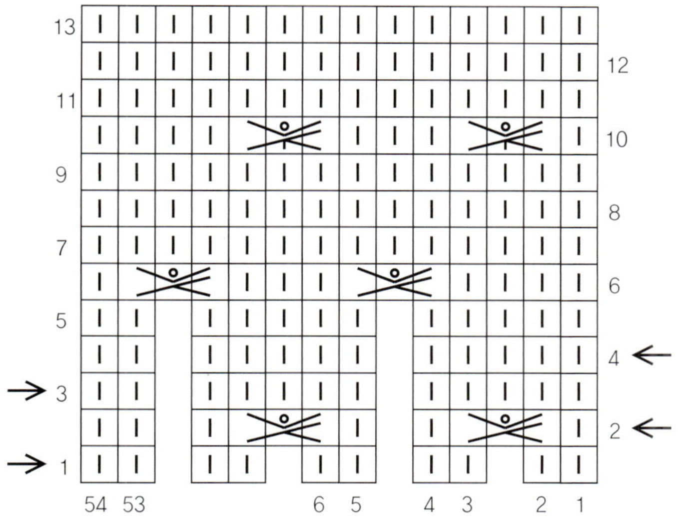

한무늬 : 6코 x 8단

소매 chart

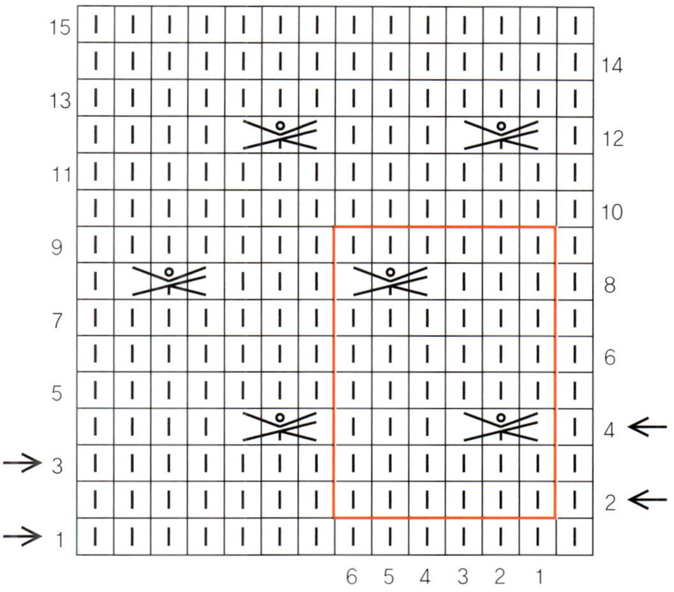

몸판 chart

3코 모아뜨면서
3코 만들기

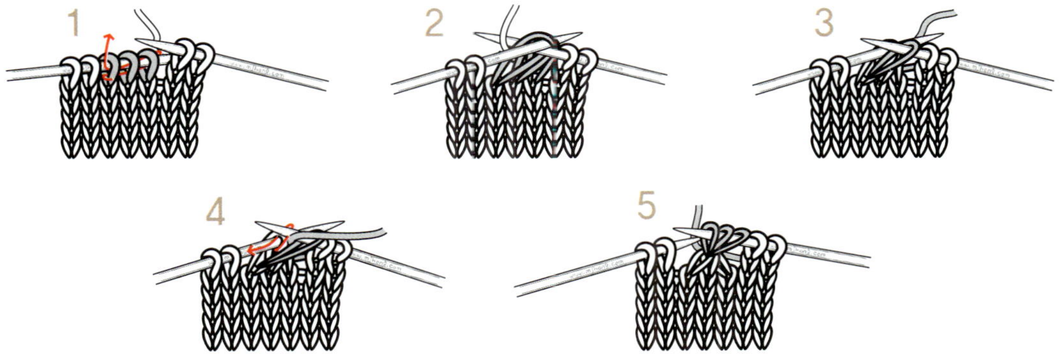

2코 모아뜨면서
3코 만들기

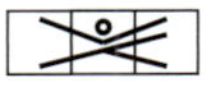

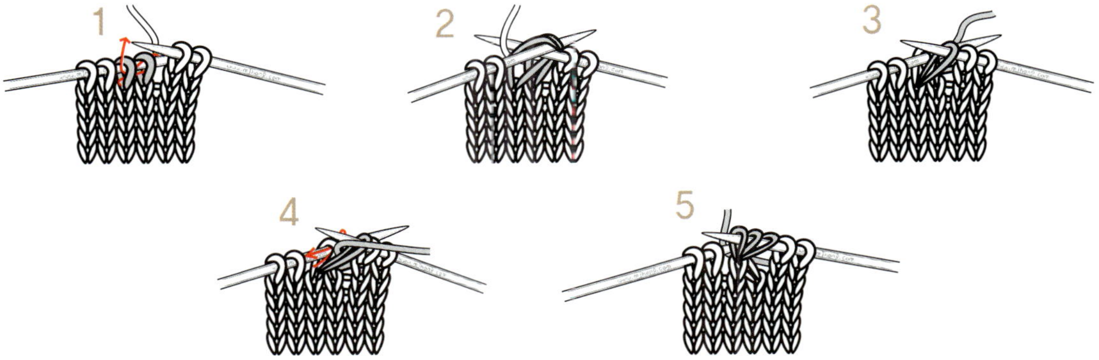

사랑 더하기(Love+)

사용실과 사용량 : 여 – 빈센트 3p 2753번 245g / 남 – 빈센트 3p 2758번 375g
사용도구 : 아후강 바늘 3mm, 3.5mm, 양면 아후강 바늘 3mm
게이지 : 25코 x 20단(3mm), 25코 x 15단(3.5mm)

뜨는 방법

사랑 더하기(Love+) – 여

♥1 사슬코 112코를 만든다.

♥2 A chart를 참고하여 콧수 가감 없이 앞뒤 몸판을 뜬다.

♥3 앞몸판은 진동 줄임과 동시에 목선 트임을 하여 준다.

♥4 앞뒤 몸판의 어깨를 연결하고 옆선을 꿰맨다.

♥5 칼라는 목선에서 75코를 주어 C chart 도안을 참고하여 깃고대 부분에 경사뜨기하면서 뜬다.

♥6 마지막에 되돌아 짧은뜨기를 칼라와 앞트임 부분까지 한 바퀴 떠 준다.

♥7 아랫단은 몸판에서 220코를 줍는다.

♥8 실 2올을 각각 떠가는 실과 물러뜨는 실을 달리하여 양면 아후강 바늘로 둥글게 1코 고무뜨기(B chart)를 뜬다.

♥9 소매는 72코를 만들고, 도안을 참고하여 코늘림하면서 A chart를 뜬다.

♥10 소매 옆선을 꿰맨다.

♥11 손목단은 70코를 줍는다.

♥12 몸판 아랫단처럼 양면 아후강 바늘로 1코 고무뜨기단을 둥글게 뜬다.

♥13 몸판에 소매를 연결하여 완성한다.

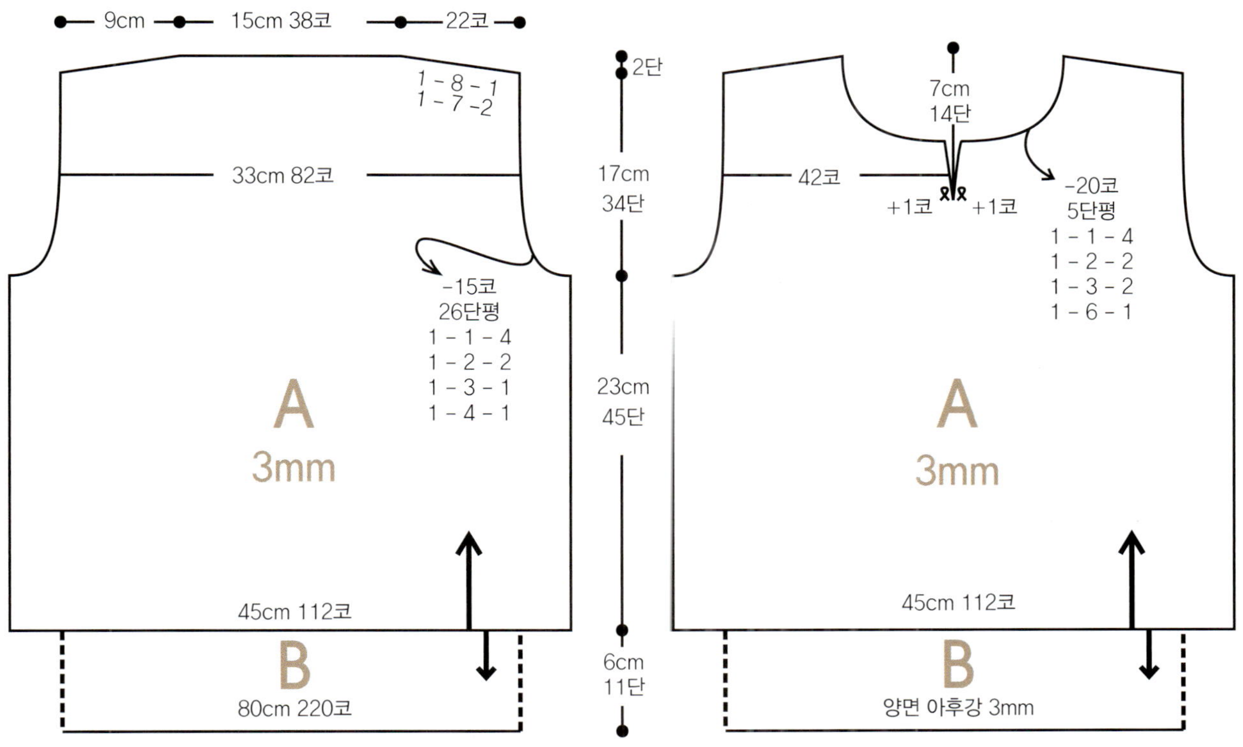

9cm
15cm 38코
22코
1 - 8 - 1
1 - 7 - 2
33cm 82코
-15코
26단평
1 - 1 - 4
1 - 2 - 2
1 - 3 - 1
1 - 4 - 1
A
3mm
45cm 112코
B
80cm 220코
2단
17cm
34단
23cm
45단
6cm
11단
7cm
14단
42코
+1코
+1코
-20코
5단평
1 - 1 - 4
1 - 2 - 2
1 - 3 - 2
1 - 6 - 1
A
3mm
45cm 112코
B
양면 아후강 3mm

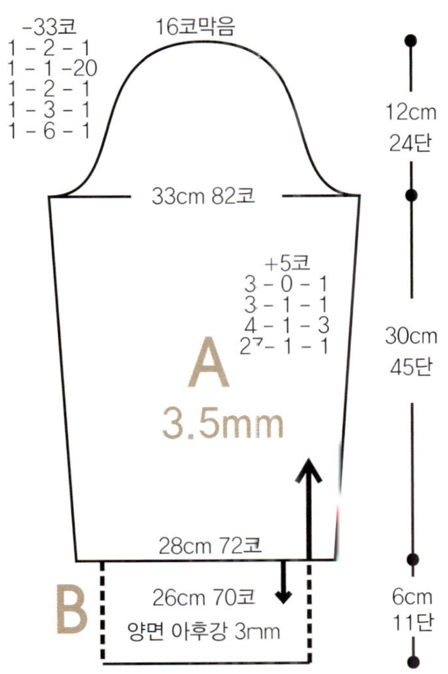

-33코
1 - 2 - 1
1 - 1 - 20
1 - 2 - 1
1 - 3 - 1
1 - 6 - 1
16코막음
33cm 82코
+5코
3 - 0 - 1
3 - 1 - 1
4 - 1 - 3
2 - 1 - 1
A
3.5mm
28cm 72코
B
26cm 70코
양면 아후강 3mm
12cm
24단
30cm
45단
6cm
11단

칼라 (여)

C
1 - 2 - 1
1 - 1 - 2
아후강 바늘 3mm
6cm
11단
27코
10코
10코
21코
27코

C

C
5
4
3
2
1
돗바늘아 짧은뜨기

칼라 (남)

C
1 - 1 - 1
아후강 바늘 3mm
6cm
11단
45코
4코
4코
4코
4코
4코
45코
10코

B

양면 아후강 바늘 사용
5
4
3
2
1

A

한무늬 10코 x 8단
12
11
10
9
8
7
6
5
4
3
2
1
10 9 8 7 6 5 4 3 2 1

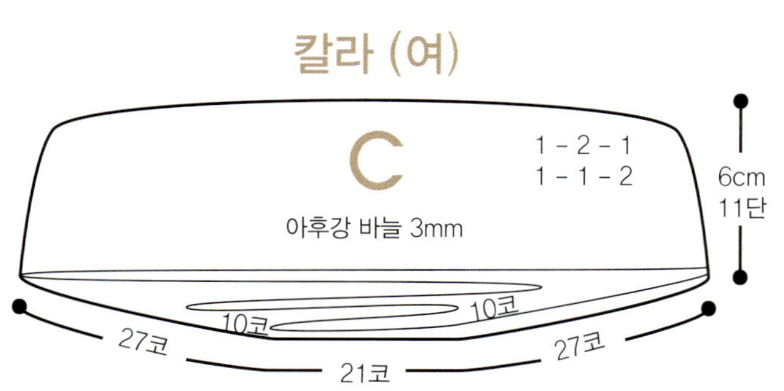

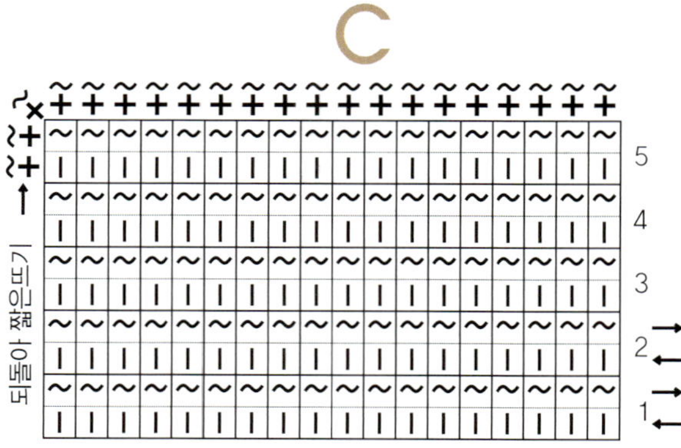

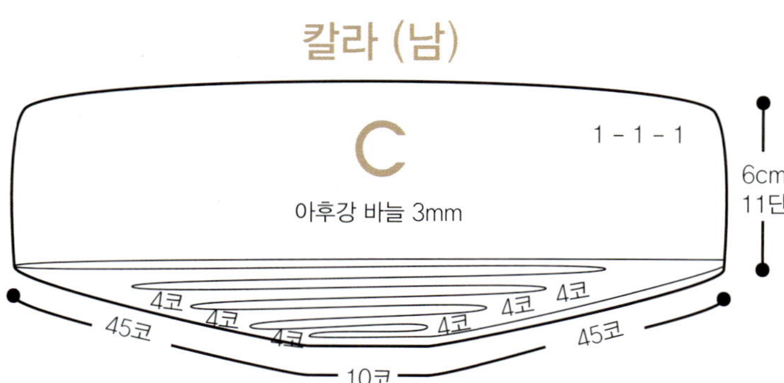

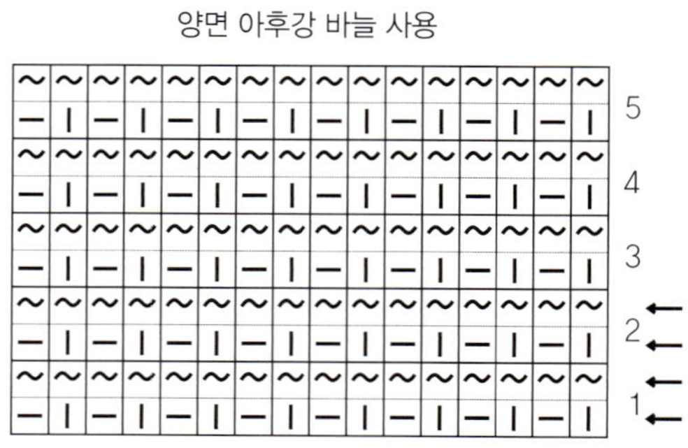

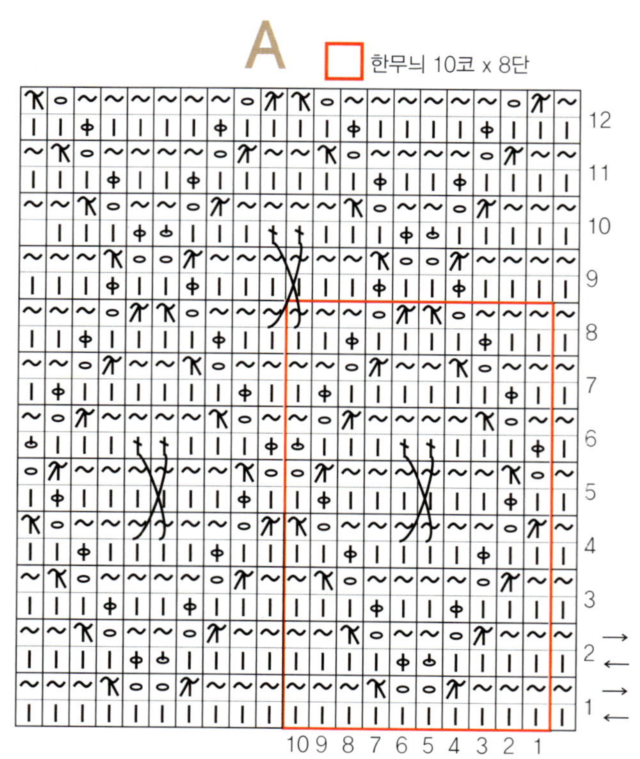

사랑 더하기(Love+) - 남

♥1 사슬코 132코를 만든다.

♥2 A chart를 참고하여 콧수 가감 없이 앞뒤 몸판을 뜬다.

♥3 앞몸판은 진동 줄임과 동시에 목선 트임을 하여 준다.

♥4 앞뒤 몸판의 어깨를 연결하고 옆선을 꿰맨다.

♥5 칼라는 목선에서 100코를 주어 C chart 도안을 참고하여 깃고대 부분에 경사뜨기하면서 뜬다.

♥6 마지막에 되돌아 짧은뜨기를 칼라와 앞트임 부분까지 한 바퀴 떠 준다.

♥7 아랫단은 몸판에서 260코를 줍는다.

♥8 실 2올을 각각 떠가는 실과 물러뜨는 실을 달리하여 양면 이후강 바늘로 둥글게 1코 고무뜨기(B chart)를 뜬다.

♥9 소매는 82코를 만들고, 도안을 참고하여 코늘림하면서 A chart를 뜬다.

♥10 소매 옆선을 꿰맨다.

♥11 손목단은 80코를 줍는다.

♥12 몸판 아랫단처럼 양면 아후강 바늘로 1코 고무뜨기단을 둥글게 뜬다.

♥13 몸판에 소매를 연결하여 완성한다.

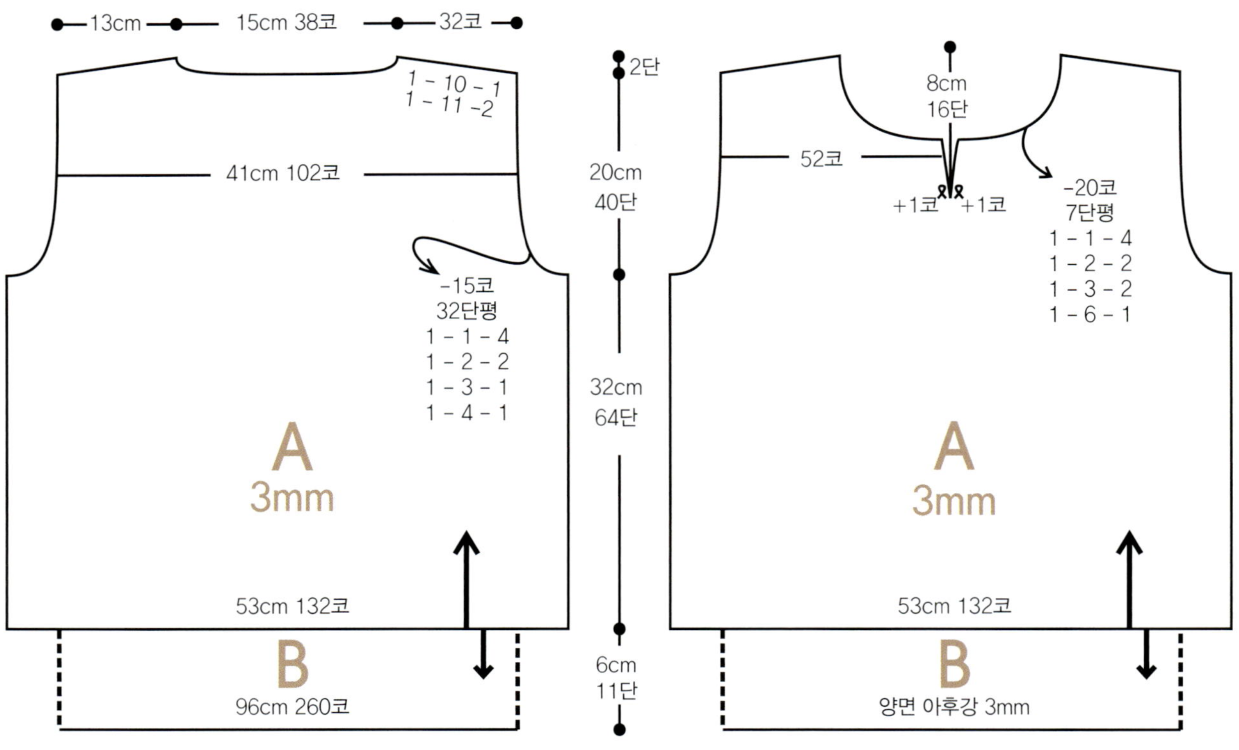

13cm
15cm 38코
32코
1 - 10 - 1
1 - 11 -2
41cm 102코
-15코
32단평
1 - 1 - 4
1 - 2 - 2
1 - 3 - 1
1 - 4 - 1
A
3mm
53cm 132코
B
96cm 260코
2단
20cm
40단
32cm
64단
6cm
11단
8cm
16단
52코
+1코 +1코
-20코
7단평
1 - 1 - 4
1 - 2 - 2
1 - 3 - 2
1 - 6 - 1
A
3mm
53cm 132코
B
양면 아후강 3mm

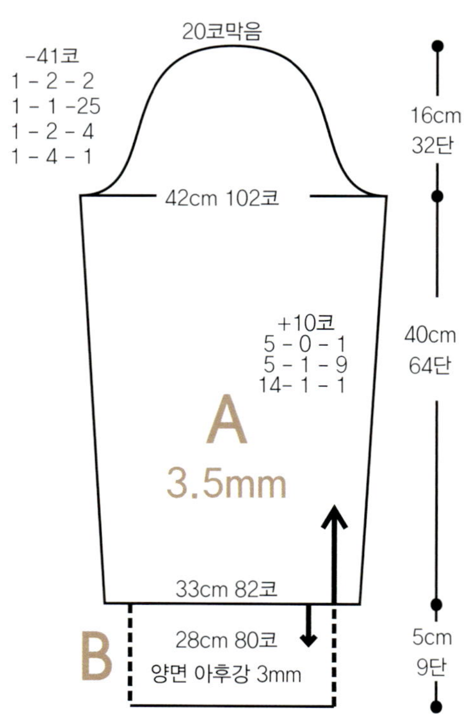

-41코
1 - 2 - 2
1 - 1 -25
1 - 2 - 4
1 - 4 - 1
20코막음
42cm 102코
+10코
5 - 0 - 1
5 - 1 - 9
14- 1 - 1
A
3.5mm
33cm 82코
B
28cm 80코
양면 아후강 3mm
16cm
32단
40cm
64단
5cm
9단

아후강뜨기 기호와 뜨는 법

아후강뜨기는 대바늘뜨기와 코바늘뜨기가 병행되는 기법으로 편물의 조직은 손뜨개 편물의
성긴 편에 비하면 훨씬 탄탄하여 직물 느낌이 나는 손뜨개 기법이 다.

[아후강뜨기 도안 보는 법]

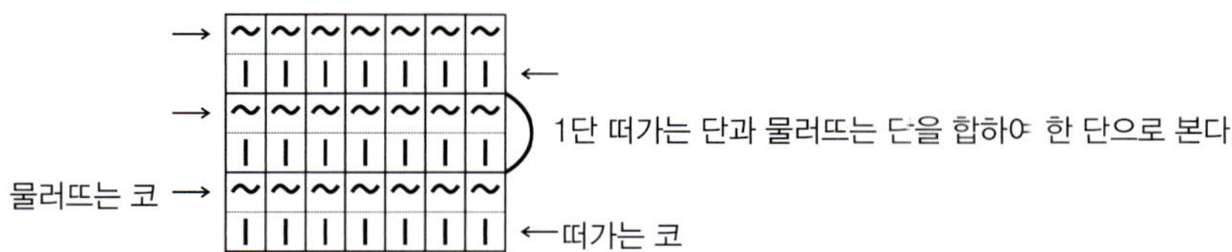

겉뜨기

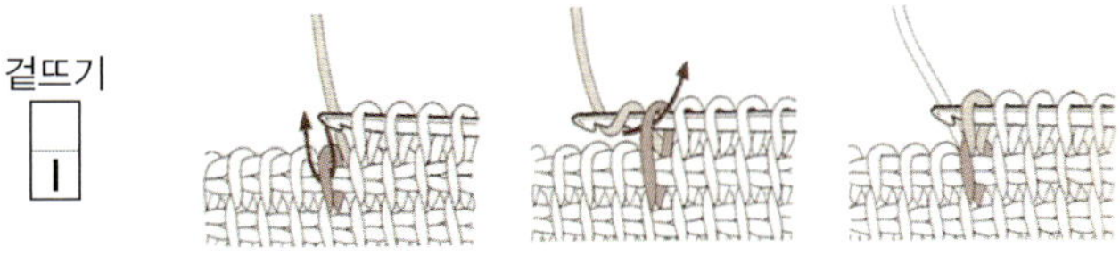

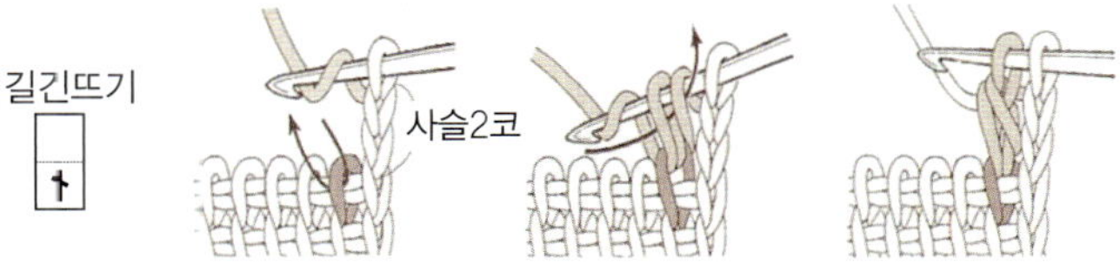

물러뜨기

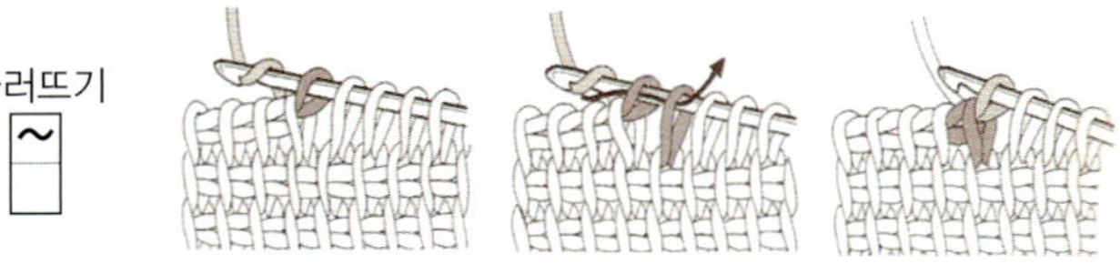

교차뜨기

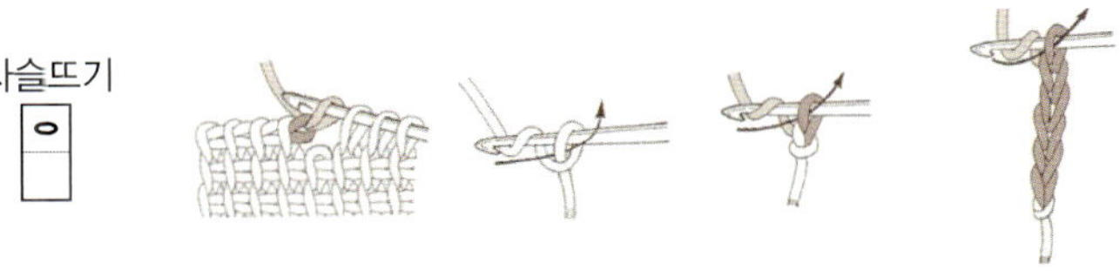

전체앞세뜨기

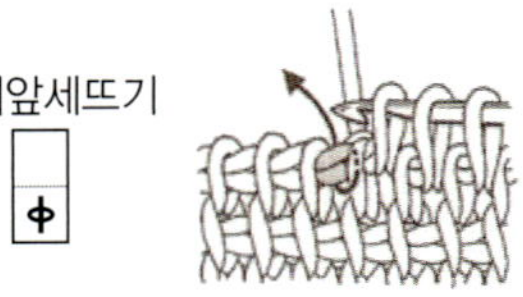

앞세뜨기

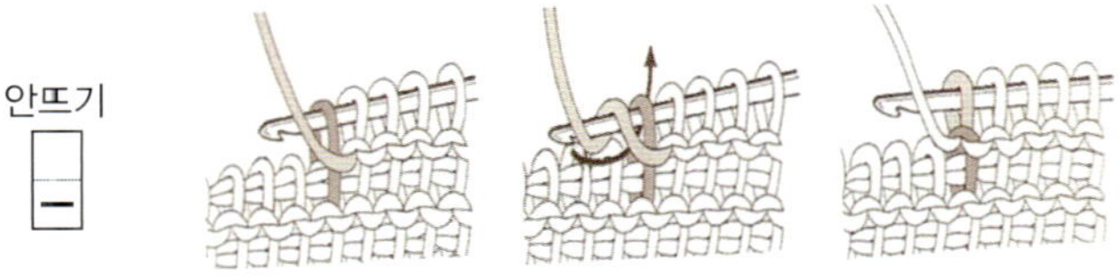

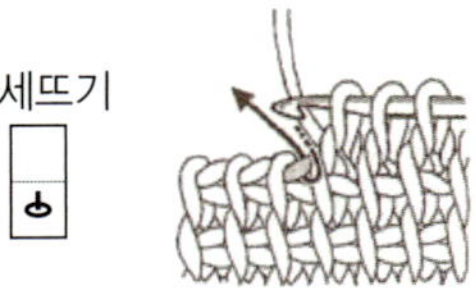

빼뜨기

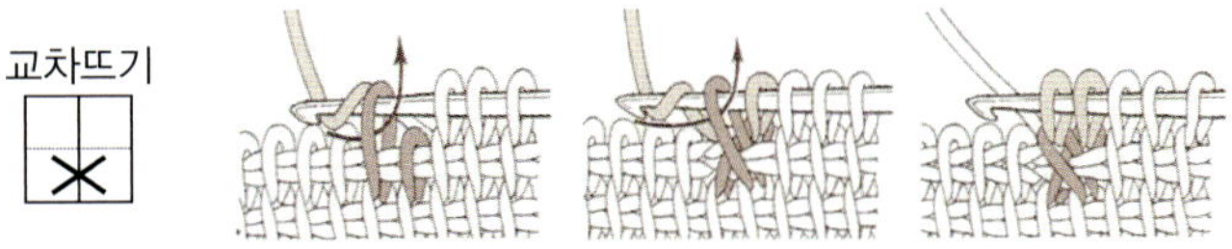

1길긴뜨기

사슬2코

안뜨기

사슬뜨기

2코모아뜨기

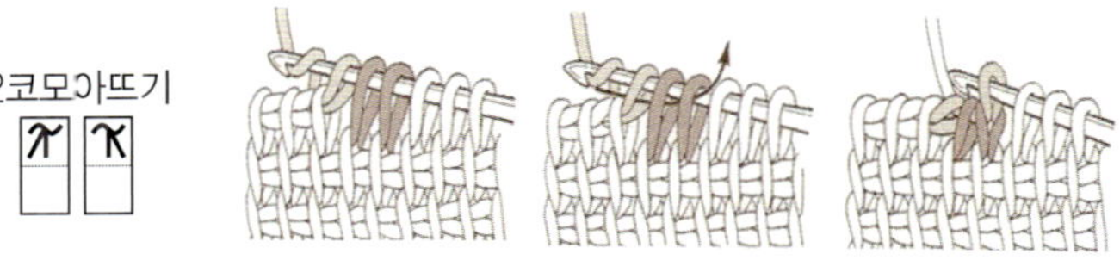

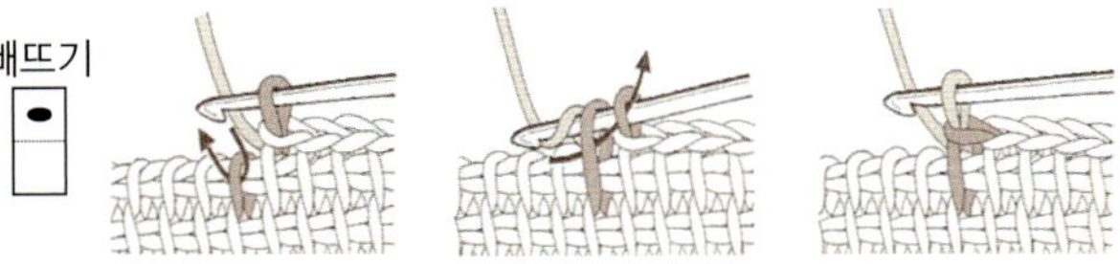

1길긴뜨기교차뜨기

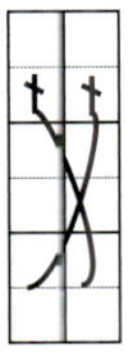

두 단 아래의 코에 1길긴뜨기교차뜨기한다.

싱그러움(스카프랑 비니랑)

사용실과 사용량 : 페어리 아크릴 90%, 모헤어 10%
스카프 64g(a실 10번 32g, b실 4번 32g)
비니 29g(a실 10번 18g, b실 4번 11g)

사용도구 : 줄바늘 3.75mm　　**게이지** : 8코 x 12단

뜨는 방법

♥1 a실로 코바늘 시작코 35코를 만든다.

♥2 가터뜨기 7단을 뜬다.

♥3 b실과 a실로 배색하면서 무늬 A를 41cm 뜬다.

♥4 무늬 B를 b실로 50cm, a실로 50cm를 뜬다.

♥5 a실과 b실로 배색하면서 무늬 A를 41cm 뜬다.

♥6 b실로 가터뜨기 6단을 뜨고 코막음으로 마무리한다.

♥7 모자는 a실로 코바늘 시작코 96코를 만든다.

♥8 둥글게 연결하여 가터뜨기를 뜬다.

♥9 b실과 a실로 배색하면서 무늬 A를 15cm 뜬다.

♥10 b실로 메리야스뜨기하면서, '줄임 chart' 참고하여 8코 남을 때까지 뜬다.

♥11 돗바늘로 남은 8코를 꿰어 단단히 여미고 실끝을 정리하여 완성한다.

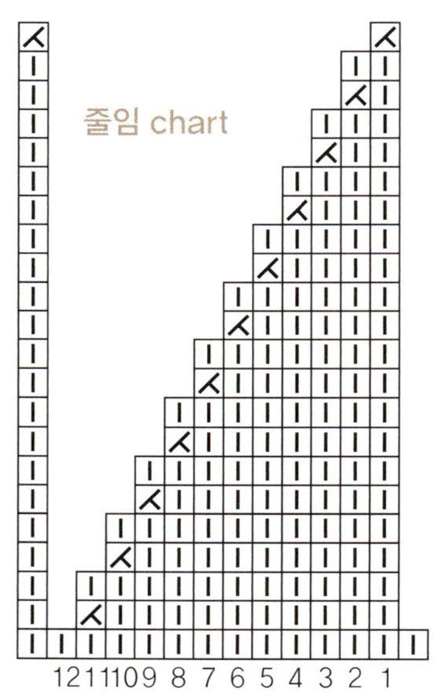

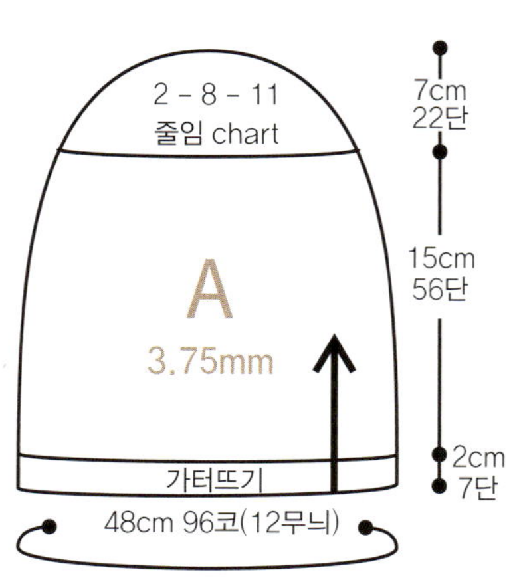

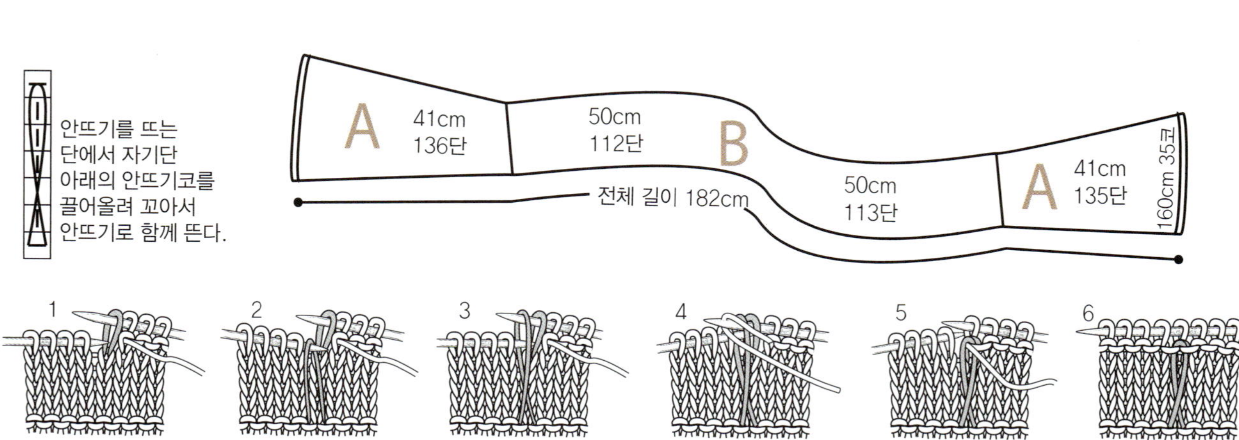

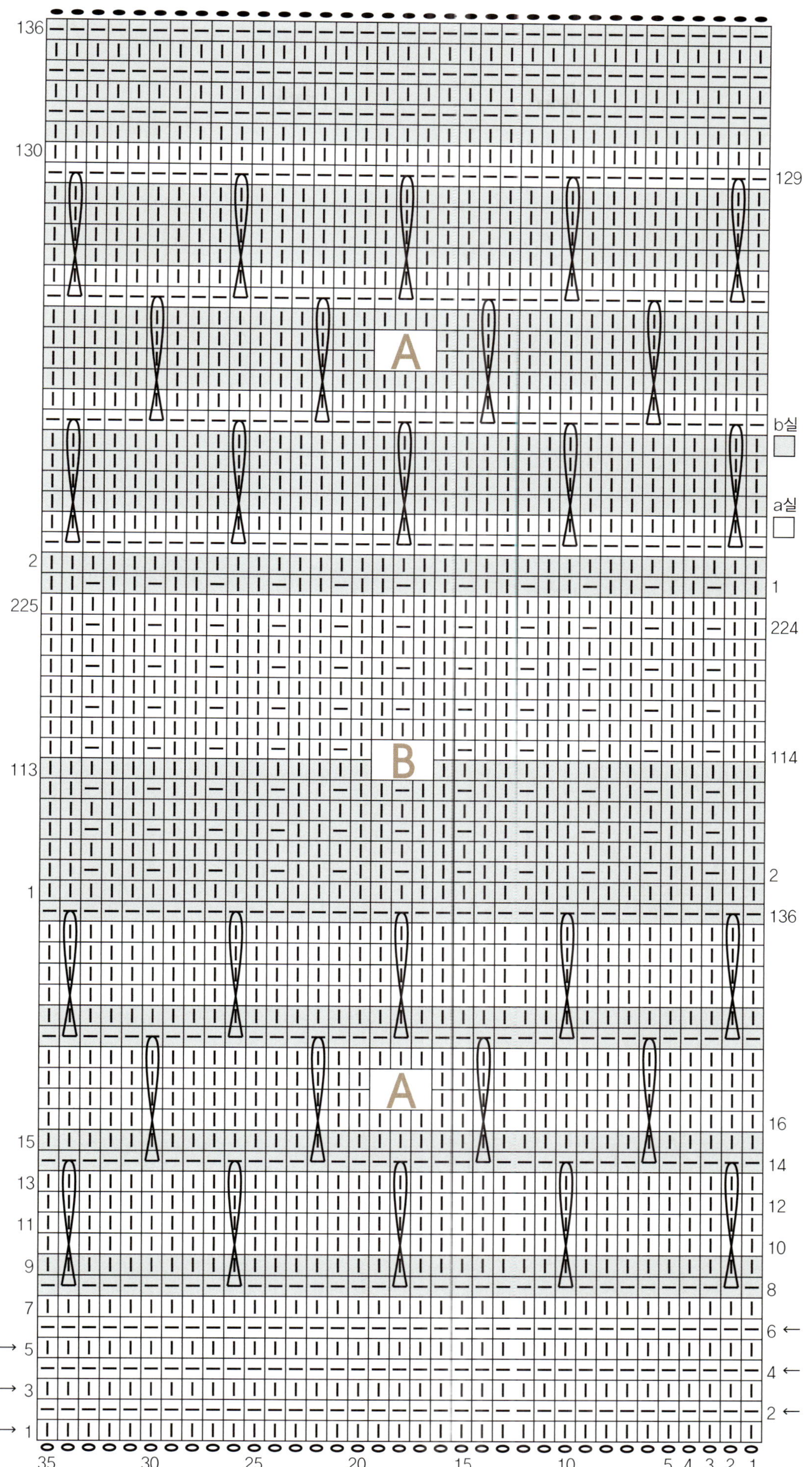
A
B
A
b실
a실

오렌지 풀오버

사용실과 사용량 : 페어리 150g
사용도구 : 대바늘 5호(3.6mm), 코바늘 3/0호
게이지 : 무늬편 12.5cm(31코 x 18단) / 메리야스편 10cm(22코 x 28단)

뜨는 방법

♥1 앞뒤 몸판은 코바늘 시작코 97코를 만든다.

♥2 중간 부분에 31코 A무늬를 배정하고,

♥3 양옆으로는 메리야스뜨기를 하면서 콧수를 가감하여 허리 라인을 만든다.

♥4 목선과 어깨 경사를 한다.

♥5 앞뒤 몸판의 어깨를 연결하고 옆선을 꿰맨다.

♥6 코바늘 3/0호로 목둘레에서 132코로 가장자리단 22무늬를 뜬다.

　(가장자리단을 뜰 때 코마다 모두 떠 준다.)

♥7 아랫단은 192코로 가장자리단 32무늬를 뜬다.

♥8 소매는 몸판처럼 코바늘 시작코 65코를 만든다.

♥9 가운데 부분에 A무늬를 배정하고 소매 도안을 참고하여 뜬다.

♥10 소매 옆선을 꿰맨다.

♥11 66코로 가장자리단 11무늬를 코바늘로 뜬다.

♥12 몸판에 소매를 연결하여 완성한다.

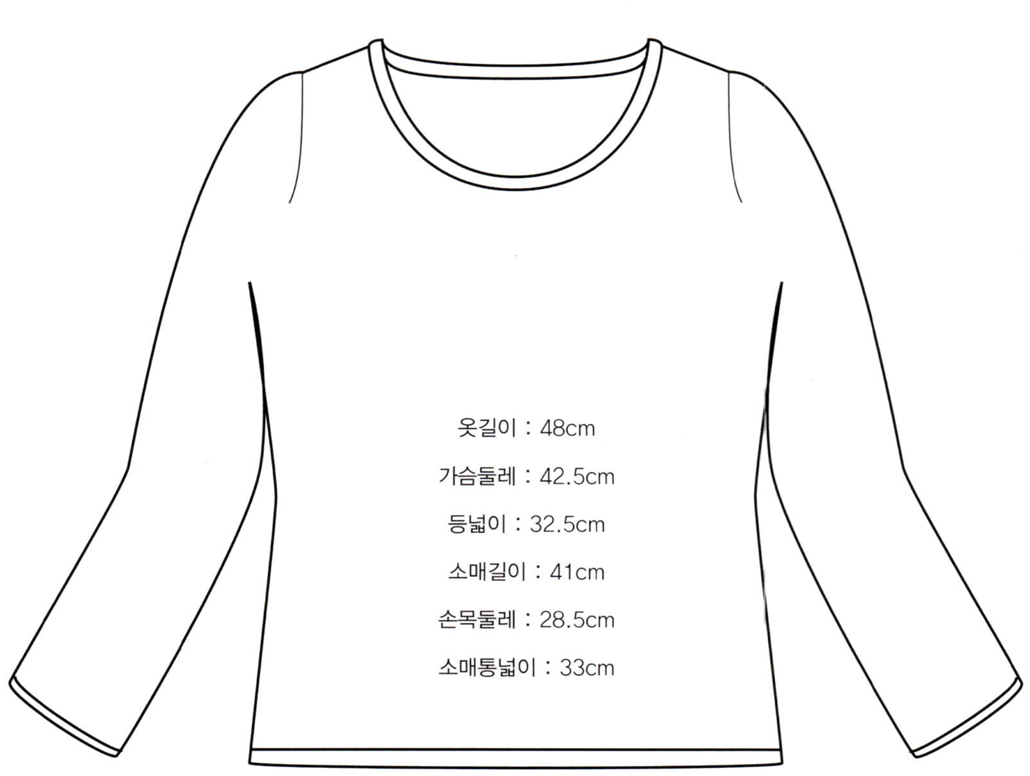

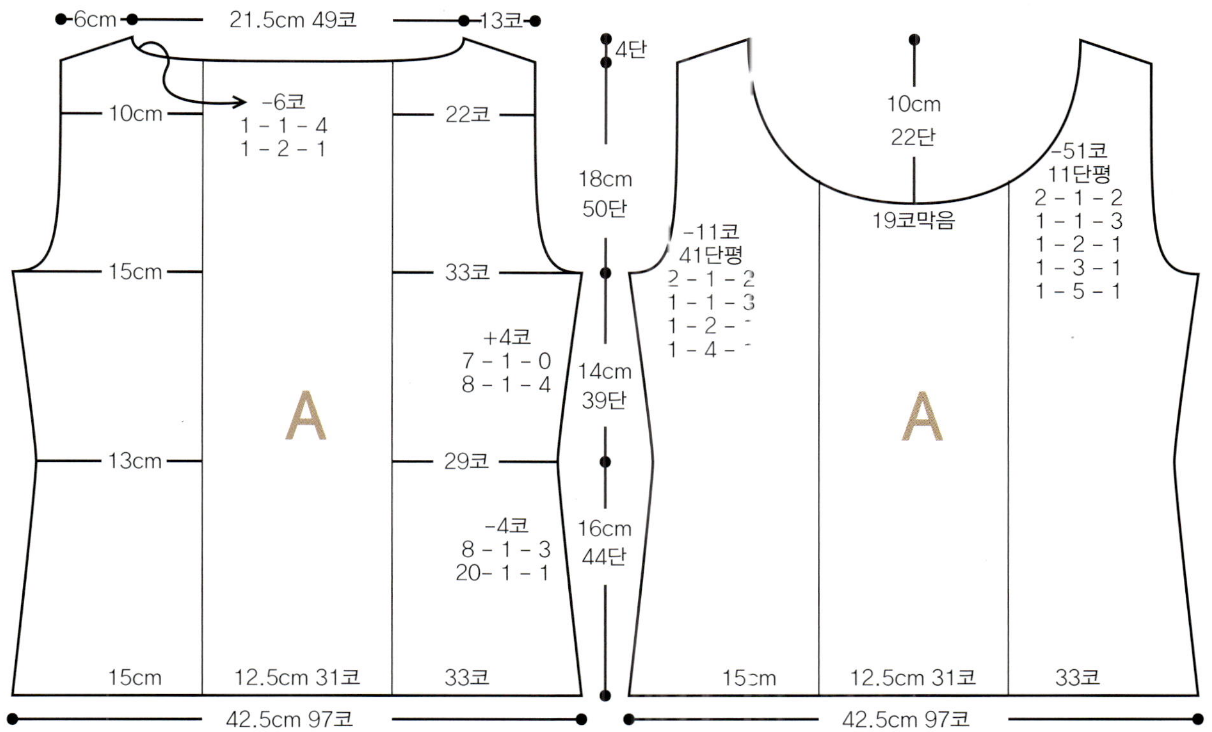
6cm
21.5cm 49코
13코
4단
10cm
-6코
1 - 1 - 4
1 - 2 - 1
22코
18cm
50단
10cm
22단
-51코
11단평
2 - 1 - 2
1 - 1 - 3
1 - 2 - 1
1 - 3 - 1
1 - 5 - 1
15cm
33코
19코막음
-11코
41단평
2 - 1 - 2
1 - 1 - 3
1 - 2 - 1
1 - 4 - 1
+4코
7 - 1 - 0
8 - 1 - 4
14cm
39단
13cm
29코
-4코
8 - 1 - 3
20- 1 - 1
16cm
44단
A
A
15cm
12.5cm 31코
33코
15cm
12.5cm 31코
33코
42.5cm 97코
42.5cm 97코

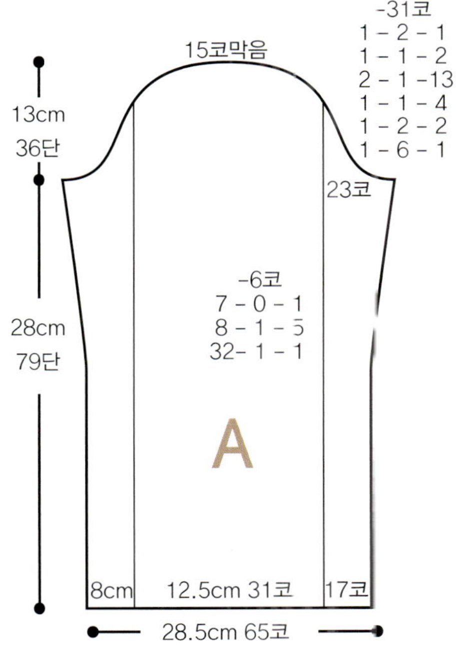
-31코
1 - 2 - 1
1 - 1 - 2
2 - 1 -13
1 - 1 - 4
1 - 2 - 2
1 - 6 - 1
15코막음
13cm
36단
23코
28cm
79단
-6코
7 - 0 - 1
8 - 1 - 5
32- 1 - 1
A
8cm
12.5cm 31코
17코
28.5cm 65코

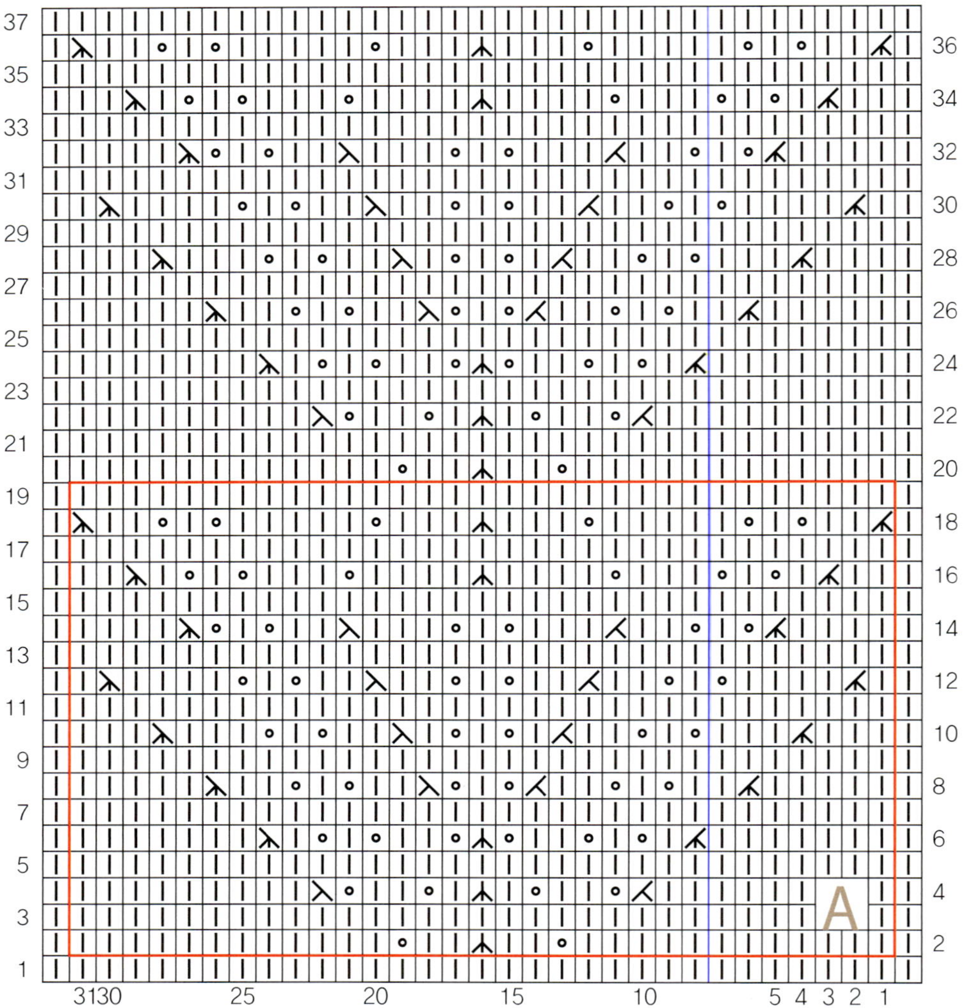

한무늬 31코 x 18단

코바늘 3/0호

한무늬 : 6코x3단(목둘레 22무늬, 아랫단 32무늬, 소맷단 11무늬)

줄줄이 랩 풀오버

사용실과 사용량 : 로얄 알파카 365g(A 0020번 265g, B 6310번 100g, C 0022번 50g)
사용도구 : 대바늘 4mm, 3.5mm
게이지 : 22코 x 28단

뜨는 방법

♥1 별실로 풀어내는 시작코 228코를 만들고, A색실로 3단을 뜬다.

♥2 'B색실로 2단, C색실로 2단, B색실로 2단, A색실로 8단'을 반복하여 뜬다.

♥3 양쪽 앞섶 줄임을 하면서 61단을 뜬 다음,

♥4 좌우 앞몸판과 뒷몸판을 나누어 각각 떠 준다.

♥5 어깨선을 연결하고,

♥6 앞섶과 깃고대 부분에서 268코를 주어 2코 고무뜨기 5단을 드고 돗바늘 마무리한다.

♥7 전체 몸판의 별실을 풀어내고 코를 줍는다.

♥8 앞섶 단 부분에서 8코와 양쪽 앞몸판의 54코를 겹치고, 둥글게 176코를 주어서
   2코 고무뜨기 24단을 떠내리고 돗바늘 마무리한다.

♥9 소매는 둥근코로 2코 고무뜨기 66코를 만들어서

♥10 손목단 24단을 뜨고, 몸판과 같이 배색하여 뜬다.

♥11 소매 옆선을 꿰매고 몸판에 연결하여 완성한다.

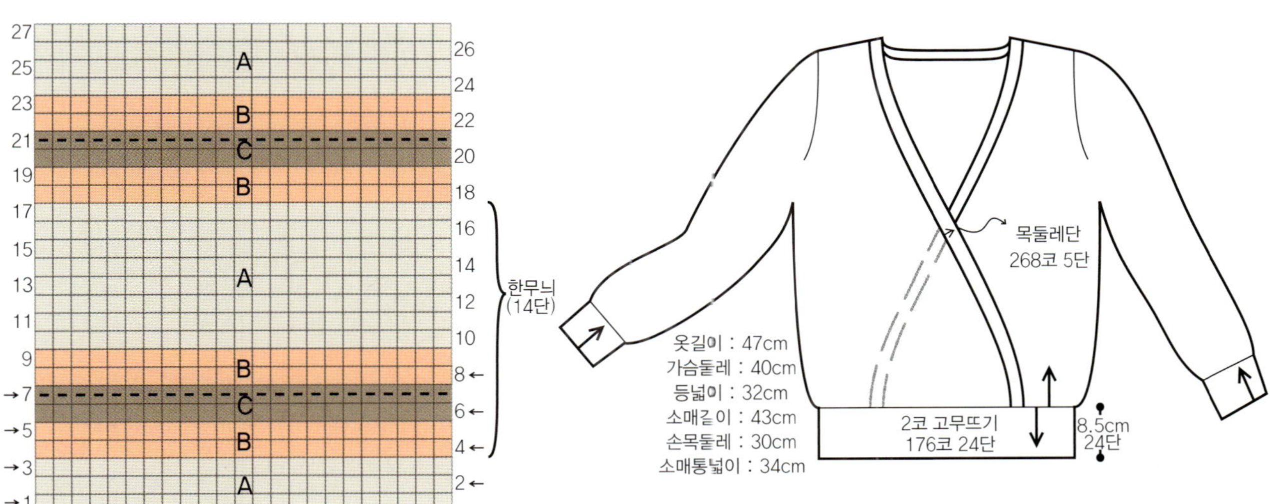

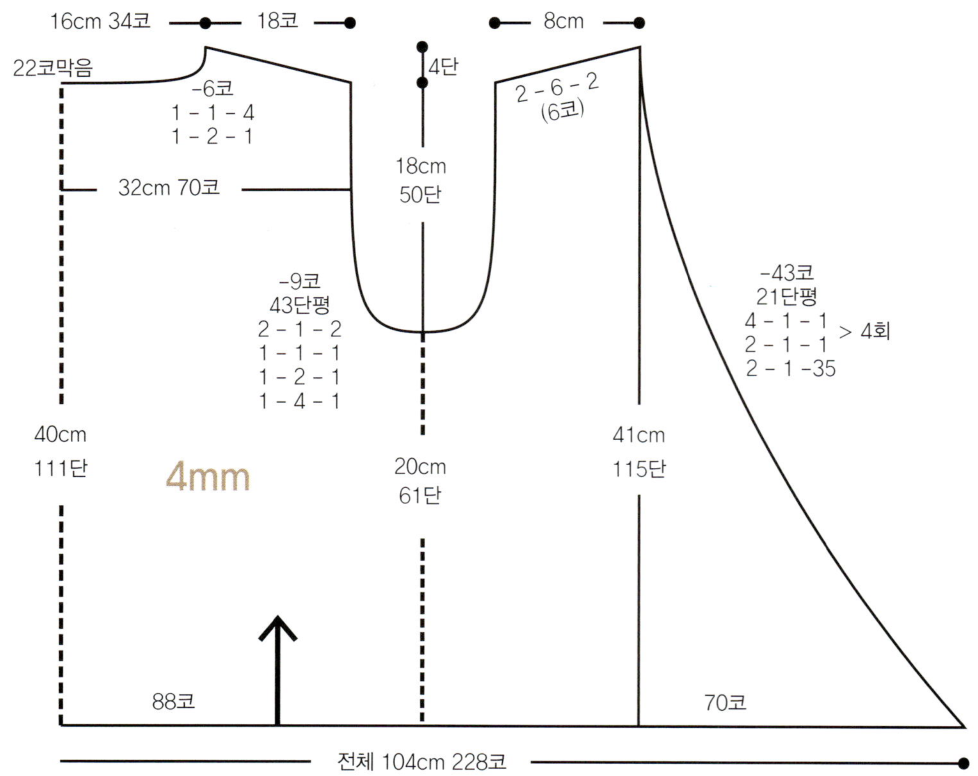

16cm 34코
18코
8cm
22코막음
4단
-6코
1 - 1 - 4
1 - 2 - 1
2 - 6 - 2
(6코)
32cm 70코
18cm
50단
-9코
43단평
2 - 1 - 2
1 - 1 - 1
1 - 2 - 1
1 - 4 - 1
-43코
21단평
4 - 1 - 1
2 - 1 - 1
2 - 1 -35
> 4회
40cm
111단
4mm
20cm
61단
41cm
115단
88코
70코
전체 104cm 228코

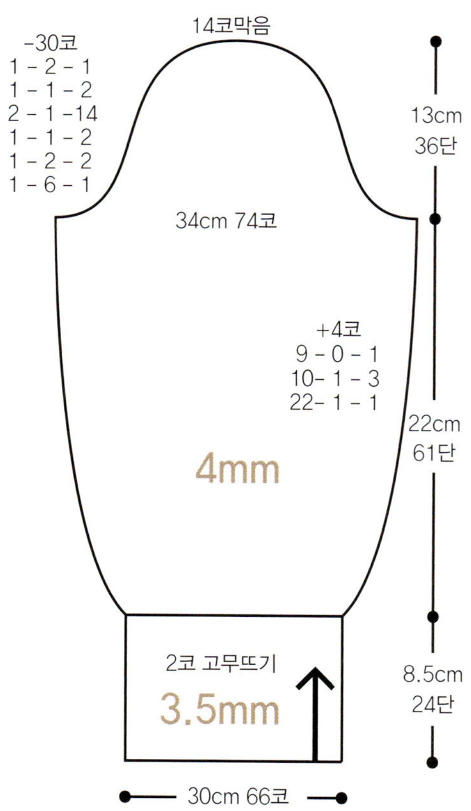

-30코
1 - 2 - 1
1 - 1 - 2
2 - 1 -14
1 - 1 - 2
1 - 2 - 2
1 - 6 - 1
14코막음
13cm
36단
34cm 74코
+4코
9 - 0 - 1
10- 1 - 3
22- 1 - 1
22cm
61단
4mm
2코 고무뜨기
3.5mm
8.5cm
24단
30cm 66코

집업 재킷 – 엮음

사용실과 사용량 : 아슬란 로얄 알파카 6310번 315g + 0020번 185g, 별실 조금

사용도구 : 대바늘 4.5mm, 4mm, 3.5mm

게이지 : 엮음 무늬편 26코 x 35단 / 단, 소매 무늬편 22코 x 28단

뜨는 방법

♥1 별실로 풀어내는 시작코 112코를 만든다.

♥2 메리야스뜨기 6단을 뜨고, 끌어올려 2코 고무뜨기 224코를 만든다.

♥3 A무늬로 단을 뜨고, 중간 부분에서 1코를 더 만들면서 겉뜨기 1단을 뜬다.

♥4 엮음 무늬를 앞뒤 몸판의 옆길이만큼 함께 떠 올리고,

♥5 앞뒤 몸판을 나누어 각각의 진동 줄임을 하고, 목선 줄임과 어깨 경사뜨기를 한다.

♥6 앞뒤 몸판의 어깨 부분을 연결한다.

♥7 목둘레에서 112코를 주어서 B chart를 뜬다.

♥8 2코 고무뜨기 돗바늘 마무리를 한다.

♥9 앞여밈단은 121코를 주어서 1코 고무뜨기 3단을 뜨고 돗바늘 마무리한다.

♥10 소매는 끌어올리는 코로 2코 고무뜨기 66코를 만든다.

♥11 C chart를 뜬다.

♥12 바로 이어서 D chart로 소매를 뜬다.

♥13 소매 옆선을 꿰맨다.

♥14 몸판에 소매를 연결하여 완성한다.

♥15 지퍼는 앞섶단 안쪽에 시침질과 새발뜨기로 달아 준다.

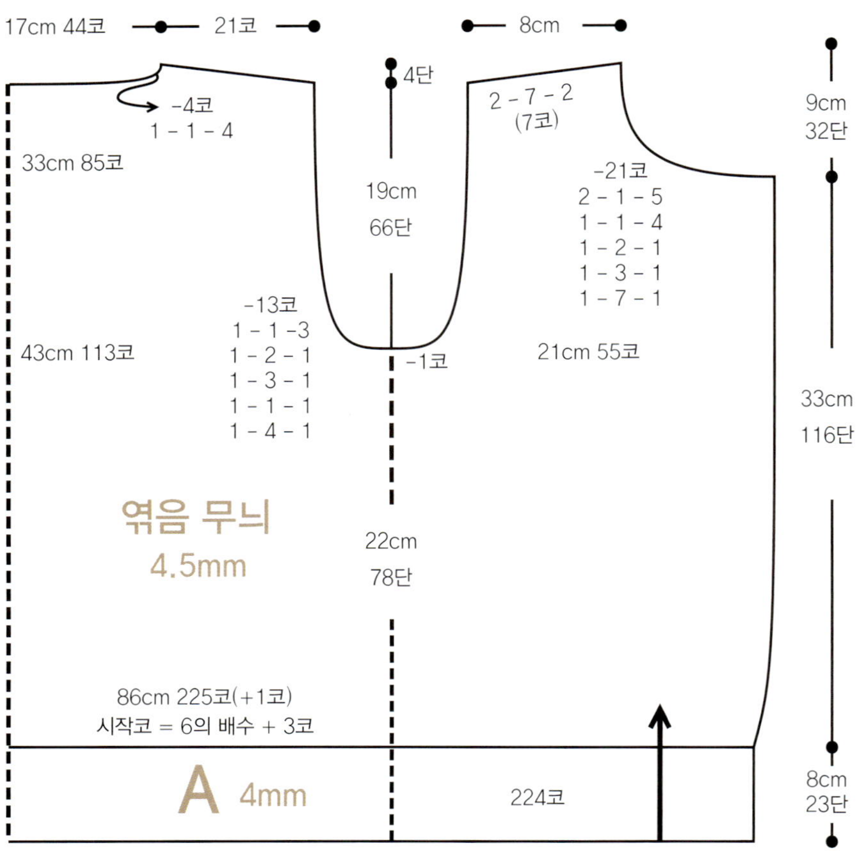

17cm 44코
21코
8cm
4단
2 - 7 - 2
(7코)
-4코
1 - 1 - 4
9cm
32단
33cm 85코
19cm
66단
-21코
2 - 1 - 5
1 - 1 - 4
1 - 2 - 1
1 - 3 - 1
1 - 7 - 1
-13코
1 - 1 - 3
1 - 2 - 1
1 - 3 - 1
1 - 1 - 1
1 - 4 - 1
43cm 113코
-1코
21cm 55코
33cm
116단
엮음 무늬
4.5mm
22cm
78단
86cm 225코(+1코)
시작코 = 6의 배수 + 3코
A 4mm
224코
8cm
23단

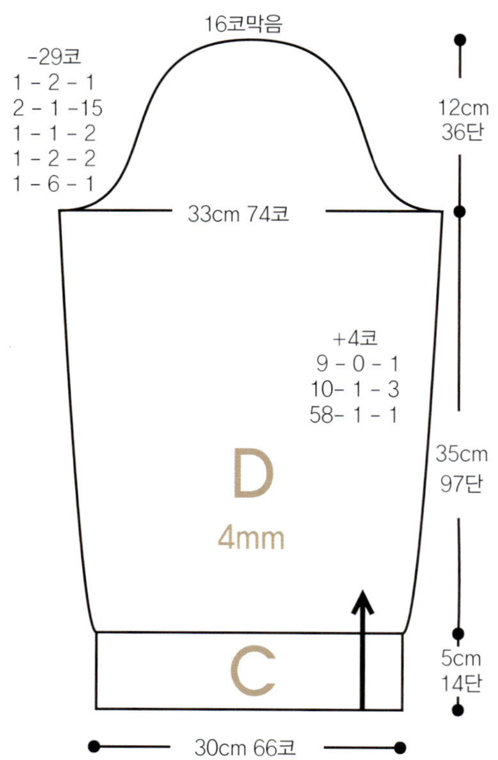

16코막음
-29코
1 - 2 - 1
2 - 1 - 15
1 - 1 - 2
1 - 2 - 2
1 - 6 - 1
12cm
36단
33cm 74코
+4코
9 - 0 - 1
10- 1 - 3
58- 1 - 1
35cm
97단
D
4mm
C
5cm
14단
30cm 66코

[엮음 무늬]

줄바늘 4.5mm, 한무늬 6코x8단(6의 배수+3코)

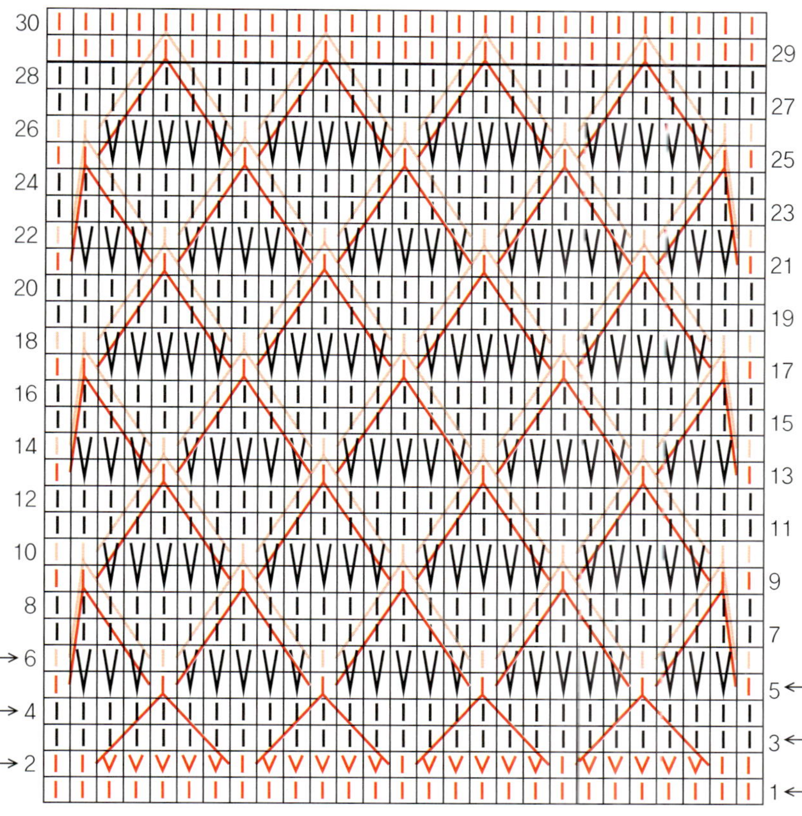

1단 (a색) 겉뜨기 1단

2단 (a색) (안쪽에서) 안뜨기 2코
　　　– [실 겉면으로 넘기고 걸러뜨기 5코 실 안면으로 넘기고 – 안뜨기 1코] 5회 반복 – 안뜨기 1코

3단 (b색) 겉뜨기 1단

4단 (b색) 안뜨기 1단

5단 (a색) 겉뜨기 1코 – 실 겉면으로 넘기고 걸러뜨기 3코 실 안면으로 넘기고
　　　– 2단째의 길게 늘어진 a색 실을 끌어올려 함께 겉뜨기 1코
　　　– [실 겉면으로 넘기고 걸러뜨기 5코 – 2단째의 a색 실과 함께 겉뜨기 1코] 반복
　　　– 실 겉면으로 넘기고 걸러뜨기 3코 실 안면으로 넘기고 – 겉뜨기 1코

6단 (a색) 안뜨기 1코 – 실 계속 안면에 두고 걸러뜨기 3코 – 안뜨기 1코 – [걸러뜨기 5코 – 안뜨기 1코] 반복
　　　– 걸러뜨기 3코 – 안뜨기 1코
　　　※ 반복되는 6단. (a색) 안뜨기 1코 – 실 계속 안면에 두고 걸러뜨기 3코 – (10단째의) a색 실과 함께 안뜨기 1코
　　　– [걸러뜨기 5코 – (10단째의) a색 실과 함께 안뜨기 1코] 반복 – 걸러뜨기 3코 – 안뜨기 1코

7단 (b색) 겉뜨기 1단

8단 (b색) 안뜨기 1단

9단 (a색) 겉뜨기 1코 – 5단째의 a색 실과 함께 겉뜨기 1코
　　　– [실 겉면으로 넘기고 걸러뜨기 5코 실 안면으로 넘기고 – 5단째의 a색 실과 함께 겉뜨기 1코] 반복
　　　– 겉뜨기 1코

10단 (a색) 안뜨기 1코 – 6단째의 a색 실과 함께 안뜨기 1코
　　　– [걸러뜨기 5코 – 6단째의 a색 실과 함께 안뜨기 1코] 반복 – 안뜨기 1코

11단 (b색) 겉뜨기 1단

12단 (b색) 안뜨기 1단
　　　※ 5~12단 반복(이제부터는 '반복되는 6단'을 뜬다)

[A chart]
아랫단(줄바늘 4mm, 224코 x 23단)

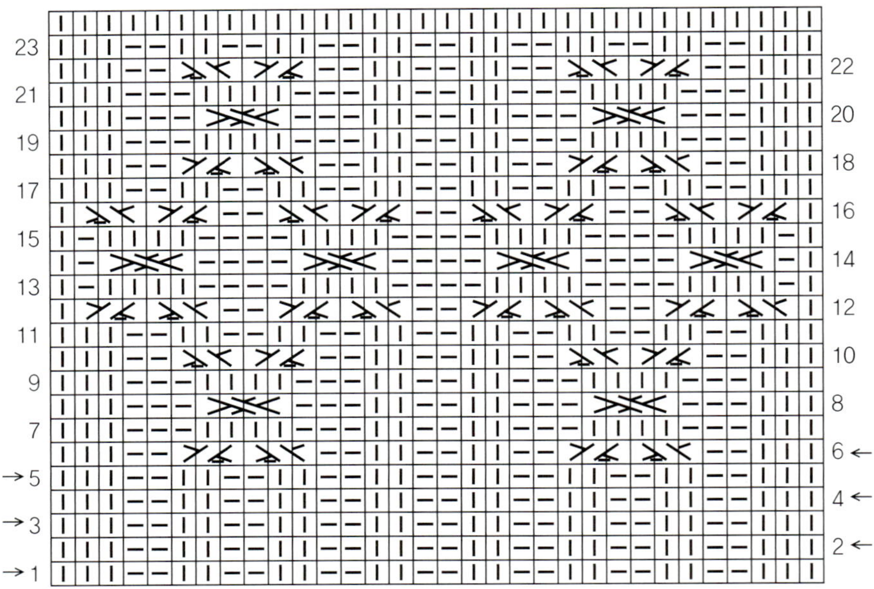

[B chart]
목둘레단(줄바늘 4mm, 112코 x 13단)

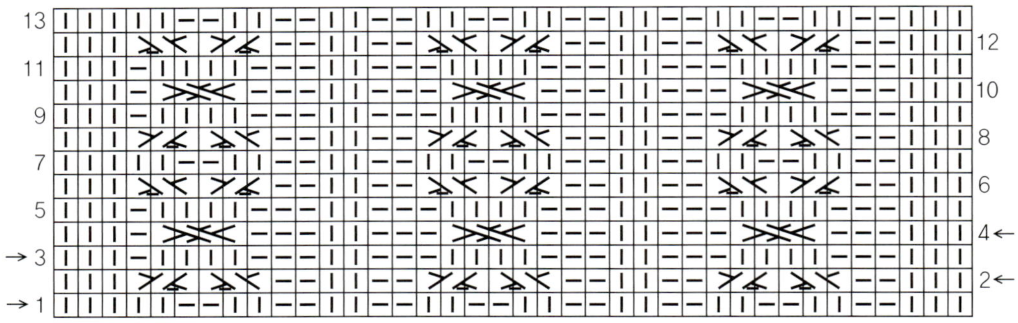

[C, D chart]
손목단과 소매(줄바늘 4mm, 112코 x 12단)

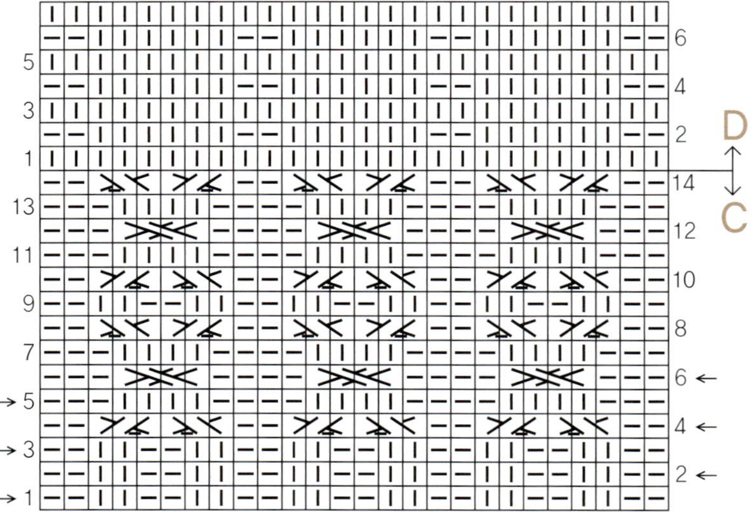

Purity girl 청순한 걸

사용실과 사용량 : 빅토리아 VICTORIA 801번 320g
사용도구 : 대바늘 6호(3.9mm), 3.5mm
게이지 : 20코 X 28단

뜨는 방법

♥1 1코 고무뜨기 시작코 84코를 만든다.

♥2 단 무늬 chart 1을 참고하여 6단을 뜬다.

♥3 이후 메리야스뜨기로 뒷몸판 도안을 참고하여 뒷몸판을 뜬다.

♥4 앞몸판엔 진동 줄임 전 4단 아래에서 가슴 다트를 하며 뜬다.

♥5 앞뒤 몸판의 어깨와 옆선을 꿰맨다.

♥6 목둘레에서 112코를 주어서 단 무늬 chart 2를 참고하여 6단을 뜬다.

♥7 돗바늘로 1코 고무뜨기 마무리한다.

♥8 소매는 1코 고무뜨기 시작코 60코를 만든다.

♥9 단 무늬 chart 1을 6단 뜨고, 소매 도안을 참고하여 두 장의 소매를 뜬다.

♥10 소매 옆선을 꿰맨다.

♥11 몸판에 소매를 연결하여 완성한다.

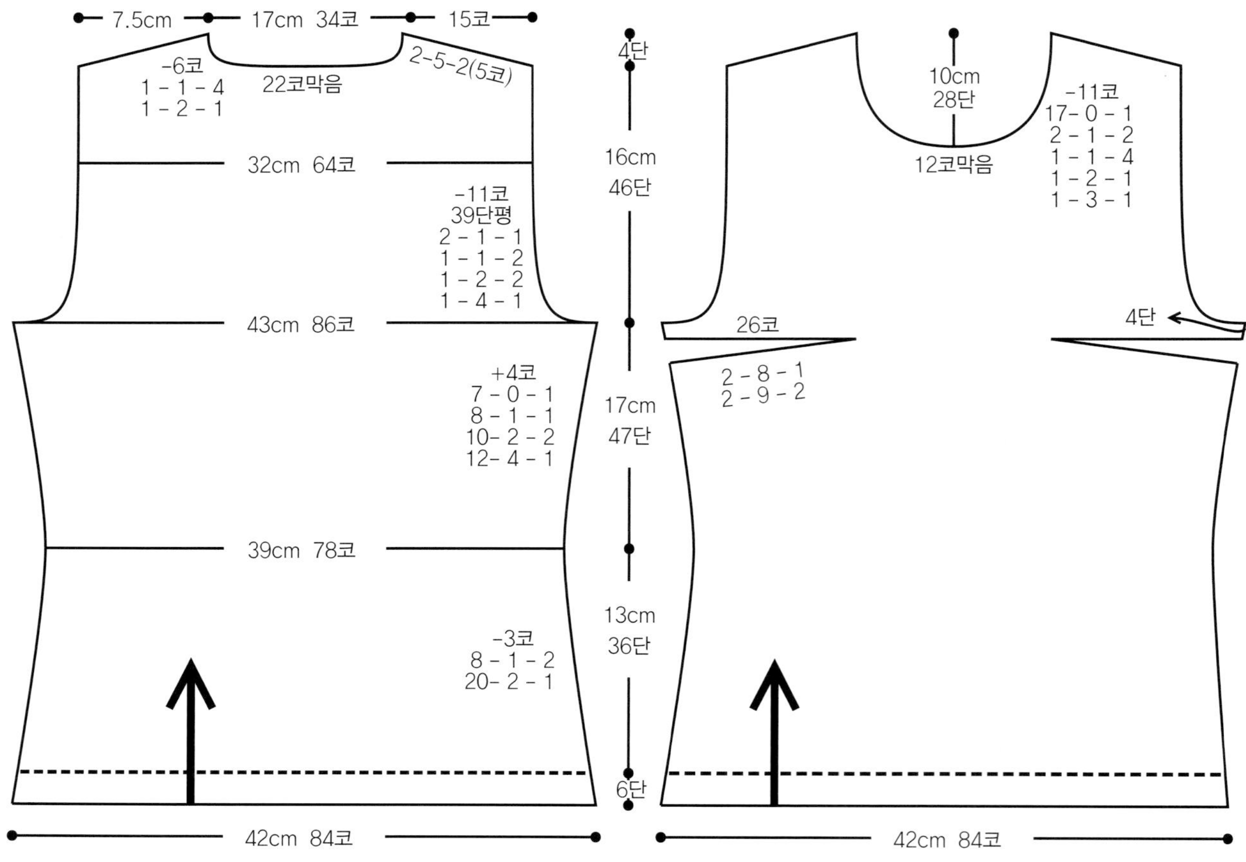

7.5cm
17cm 34코
15코
-6코
1 - 1 - 4
1 - 2 - 1
22코막음
2-5-2(5코)
32cm 64코
-11코
39단평
2 - 1 - 1
1 - 1 - 2
1 - 2 - 2
1 - 4 - 1
43cm 86코
+4코
7 - 0 - 1
8 - 1 - 1
10- 2 - 2
12- 4 - 1
39cm 78코
-3코
8 - 1 - 2
20- 2 - 1
42cm 84코
4단
16cm 46단
17cm 47단
13cm 36단
6단
10cm 28단
-11코
17- 0 - 1
2 - 1 - 2
1 - 1 - 4
1 - 2 - 1
1 - 3 - 1
12코막음
26코
2 - 8 - 1
2 - 9 - 2
4단
42cm 84코

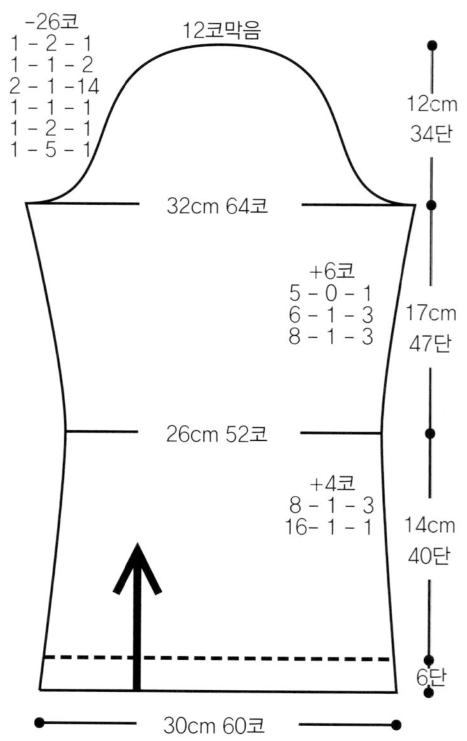

-26코
1 - 2 - 1
1 - 1 - 2
2 - 1 -14
1 - 1 - 1
1 - 2 - 1
1 - 5 - 1
12코막음
32cm 64코
+6코
5 - 0 - 1
6 - 1 - 3
8 - 1 - 3
26cm 52코
+4코
8 - 1 - 3
16- 1 - 1
30cm 60코
12cm 34단
17cm 47단
14cm 40단
6단

단 무늬 chart 1 – 아랫단, 손목둘레

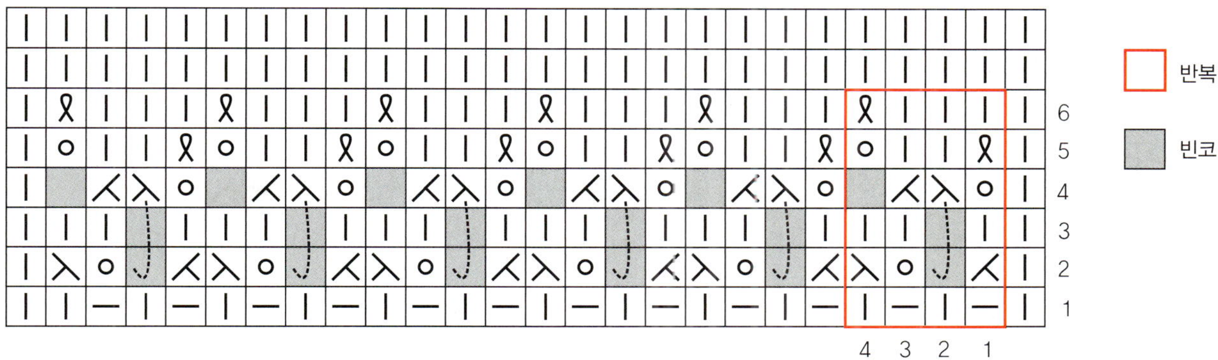

단 무늬 chart 2 – 목둘레

3.5mm 바늘 사용

1. 한 코를 오른쪽 바늘에 겉뜨기로 찔러 옮긴다.

2. 아래의 (바늘비우기코가 아닌) 큰 구멍에 겉뜨기 1코 뜨고,

3. 오른쪽 바늘에 옮겨 놓았던 코는 덮어씌워 버린다.

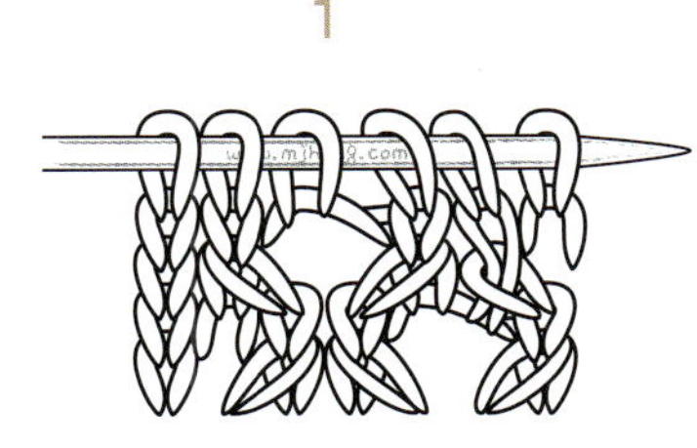
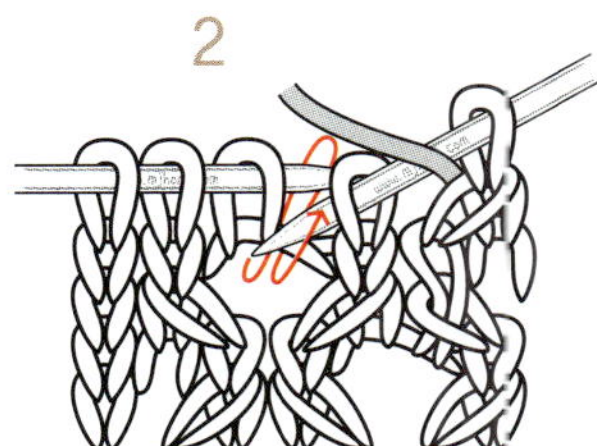
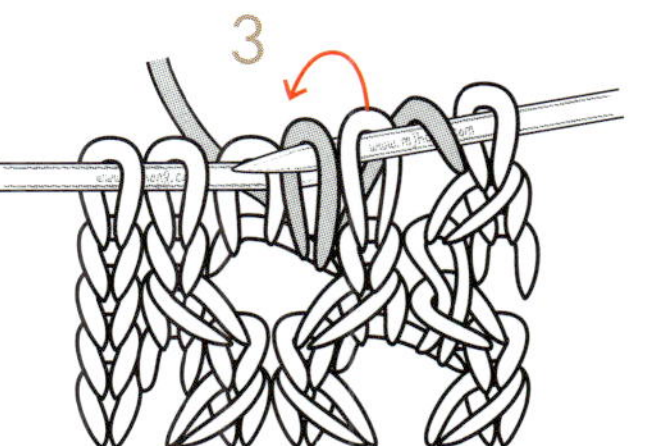
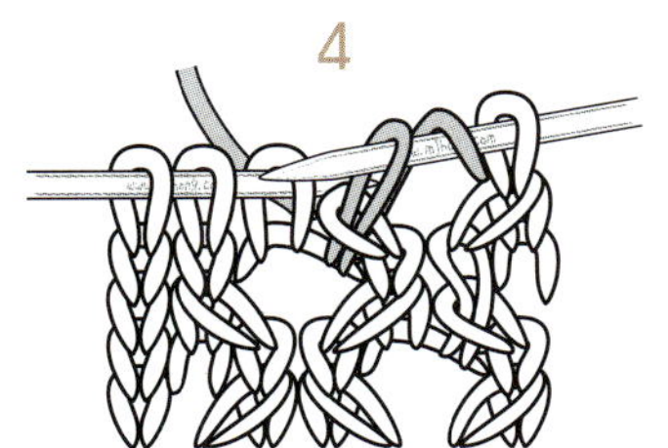
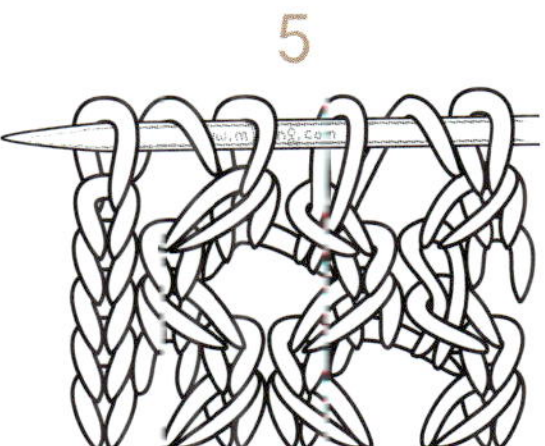

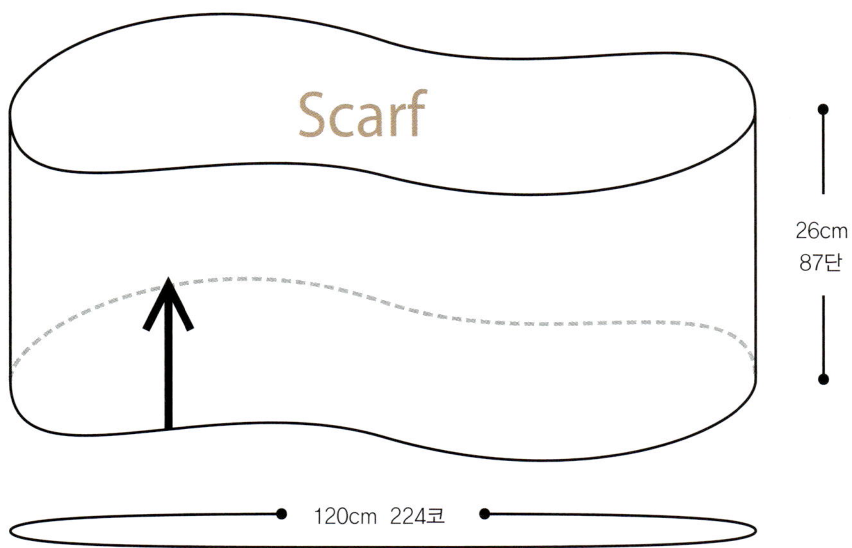

♥1 1코 고무뜨기 시작코 224코(4의 배수)를 만든다.

♥2 스카프 chart를 참고하여 26cm를 뜬다.

♥3 마지막 단에서 아래의 바늘비우기코(안뜨기 1코, 겉뜨기 1코)를 2코로 만들면서,

♥4 1코 고무뜨기를 1단 뜬다.

♥5 돗바늘로 1코 고무뜨기 마무리하여 완성한다.

[스카프 chart]

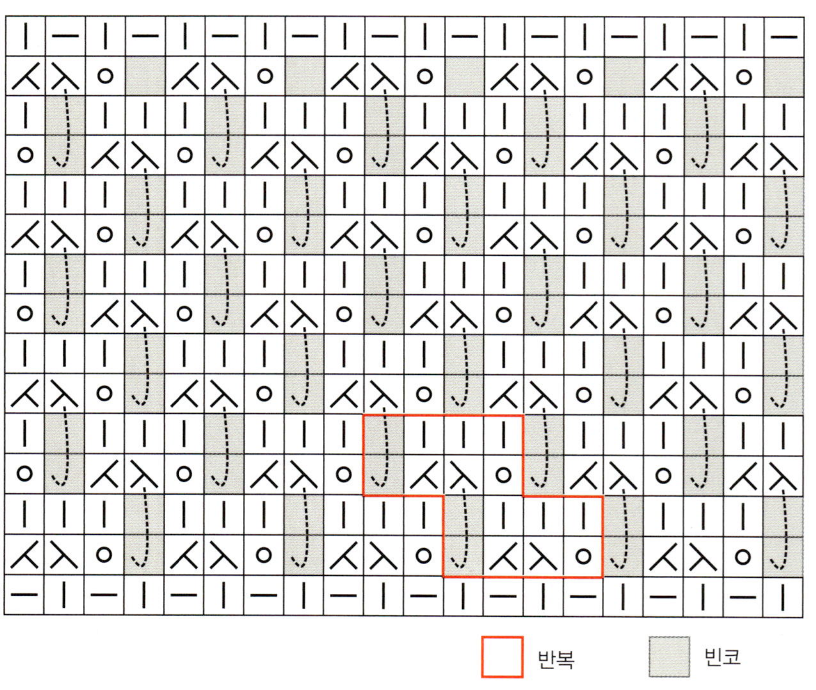

초록 페어리

사용실과 사용량 : 카페 페어리(아크릴 90%, 키드 모헤어 10%) 10번 ·20g
사용도구 : 대바늘 5호(3.6mm), 코바늘 3/0호
게이지 : 22코 x 28단

뜨는 방법

♥1 코바늘 시작코 90코를 만든다.

♥2 허리 라인 위치에서 무늬 A(위로 10cm)를 뒷몸판은 전체를, 앞몸판은 양옆으로
  10cm만 뜨고, 다른 곳은 모두 메리야스뜨기한다.

♥3 앞뒤 몸판 어깨와 옆선을 연결한다.

♥4 목둘레(60코)와 아랫단(90코)을 코바늘로 가장자리 무늬뜨기하여 마무리한다.

♥5 소매는 코바늘 시작코 52코를 만든다.

♥6 소매 도안을 참고하여 두 장을 뜬다.

♥7 소매 옆선을 꿰맨다.

♥8 소맷단은 코바늘로 가장자리 무늬를 33코 뜬다.

♥9 몸판에 소매를 연결한다.

♥10 5장의 큰 꽃잎 코르사주를 만들어 가슴 부분에 장식하여 완성한다.

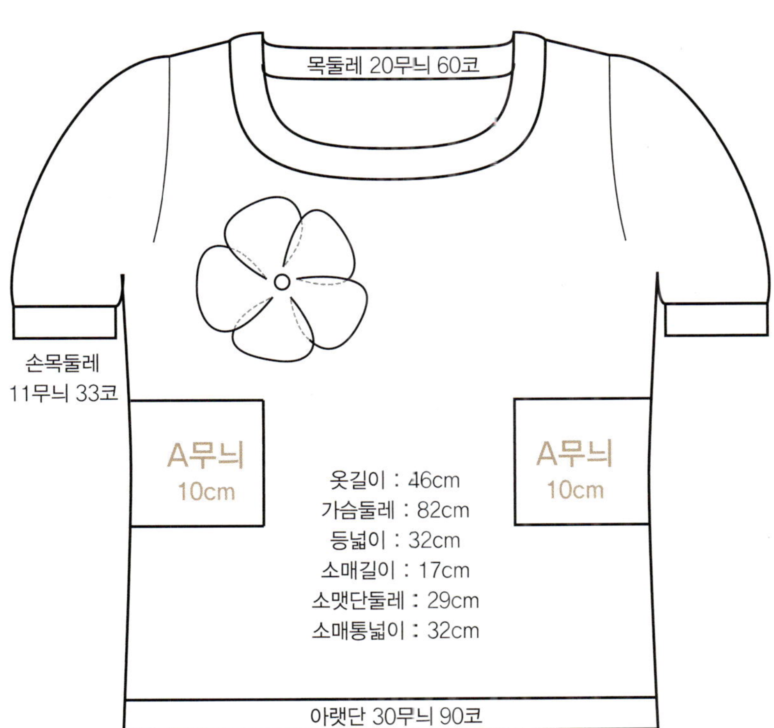

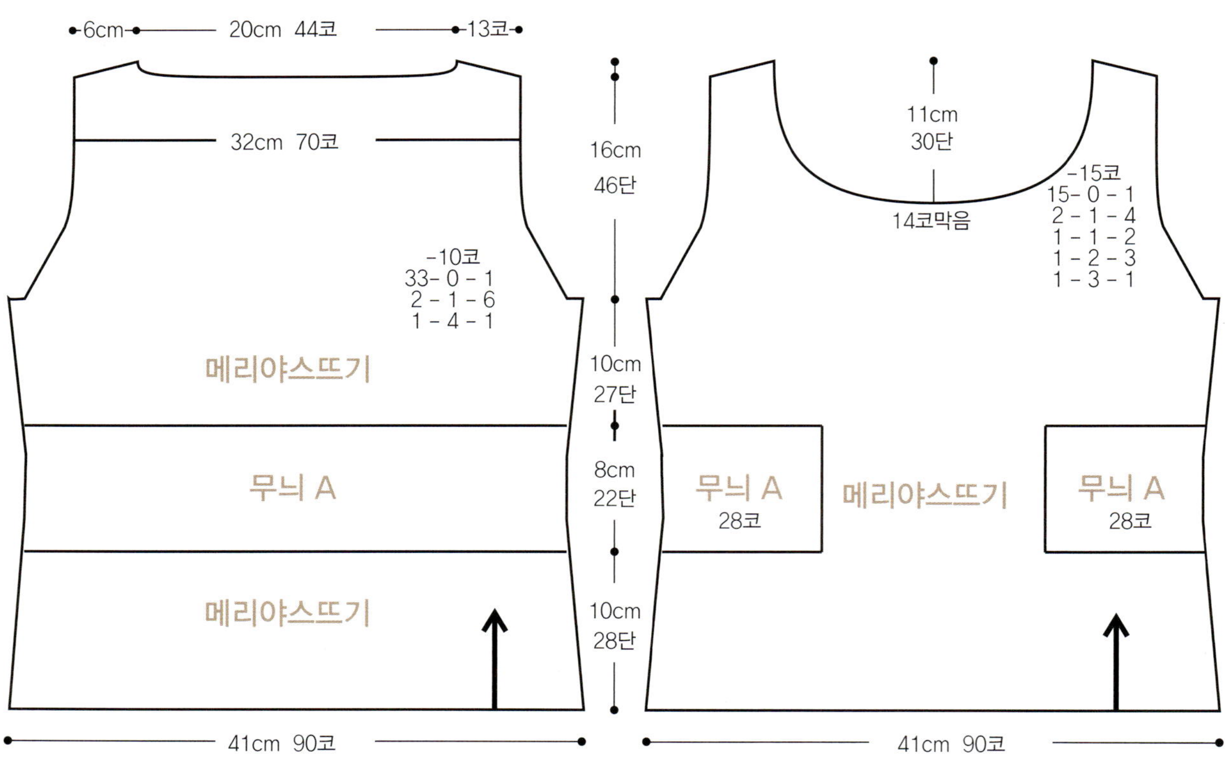

6cm
20cm 44코
13코
32cm 70코
16cm
46단
-10코
33- 0 - 1
2 - 1 - 6
1 - 4 - 1
메리야스뜨기
무늬 A
메리야스뜨기
41cm 90코
11cm
30단
-15코
15- 0 - 1
2 - 1 - 4
1 - 1 - 2
1 - 2 - 3
1 - 3 - 1
14코막음
10cm
27단
8cm
22단
10cm
28단
무늬 A
28코
메리야스뜨기
무늬 A
28코
41cm 90코

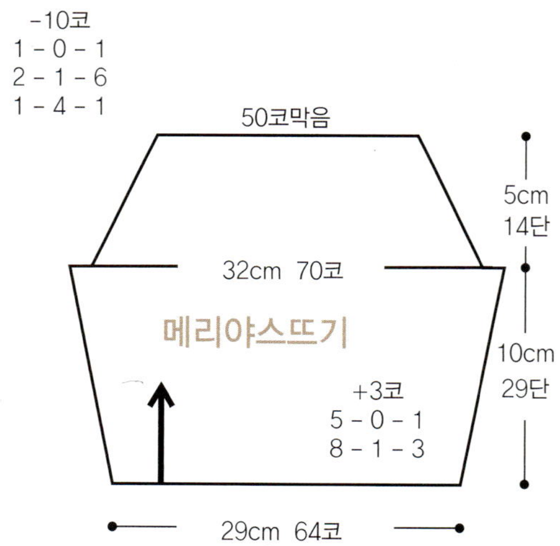

-10코
1 - 0 - 1
2 - 1 - 6
1 - 4 - 1
50코막음
5cm
14단
32cm 70코
메리야스뜨기
10cm
29단
+3코
5 - 0 - 1
8 - 1 - 3
29cm 64코

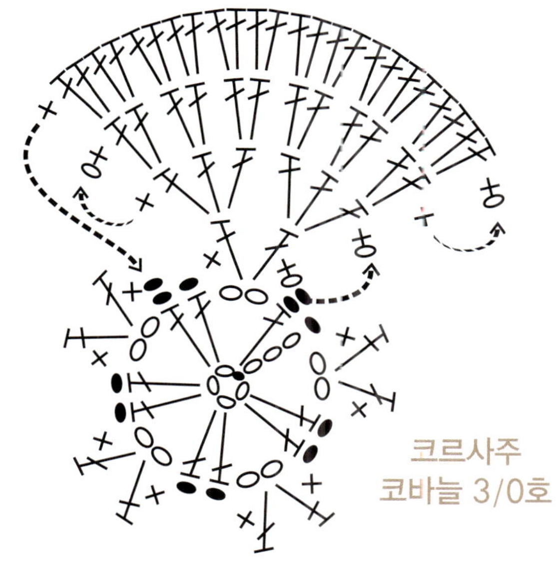

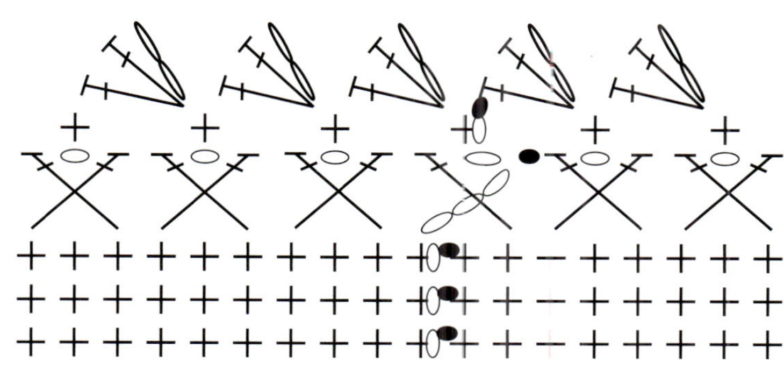

가장자리 무늬 코바늘 3/0호

한무늬 3코 x 5단

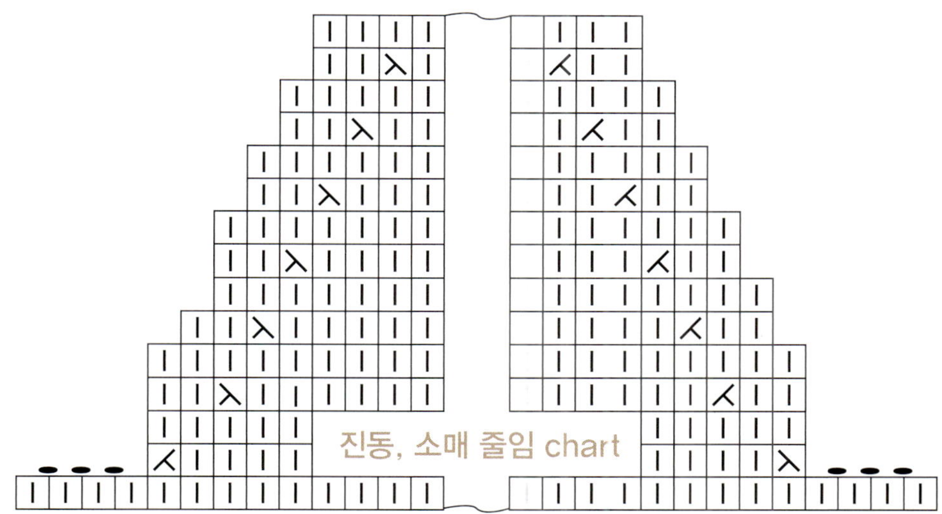

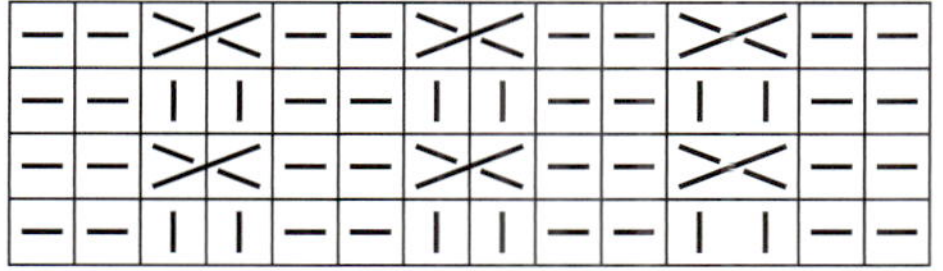

허리 라인 무늬 A

한무늬 4코 x 2단

토끼털 베스트

사용실과 사용량 : 빈센트 8p 6656번 159g + 아르누보 앙고라 100% 100번(진밤색) 60g
사용도구 : 코바늘 6/0호, 굵은 돗바늘
게이지(모눈뜨기) : 20코 × 12단

뜨는 방법

♥1 사슬 161코(모눈 80칸)를 만든다.

♥2 모눈 80칸을 콧수 가감 없이 24단을 떠 올린다.

♥3 앞뒤 몸판을 나누어 진동 줄임과 목선 줄임을 한다.

♥4 뒷몸판은 진동 위로 18단 중에 17단까지만 뜬다.

♥5 앞몸판의 어깨 부분 마지막 18단째를 뜰 때, 뒷몸판의 18단을 함께 모아뜨면서 어깨 연결을 한다.

♥6 굵은 돗바늘에 토끼털실을 꿰어 1길 긴뜨기 기둥이 아닌 사슬과 사슬코 위치에 감침질하듯 엮어 준다.

　이때 장력 조절을 일정하게 해 주어야 한다(자칫 늘어질 수도, 원래 치수보다 작아질 수도 있음).

♥7 마지막으로 가장자리에 토끼털실을 한 번씩 더 감침질하여 정리해 준다.

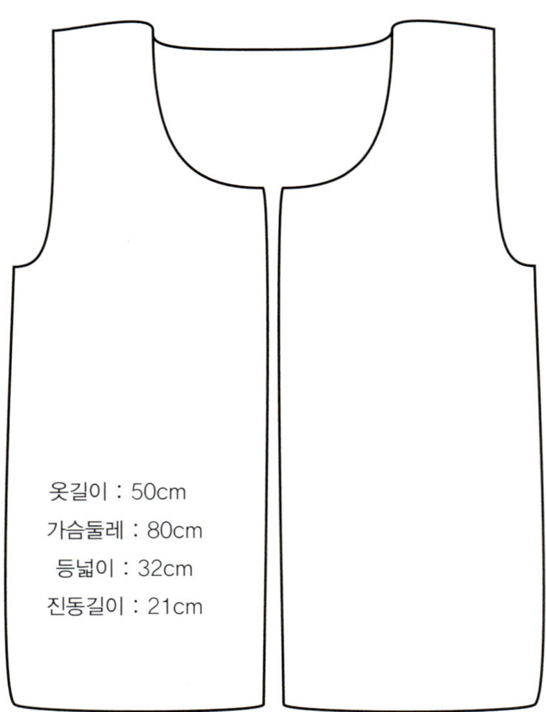

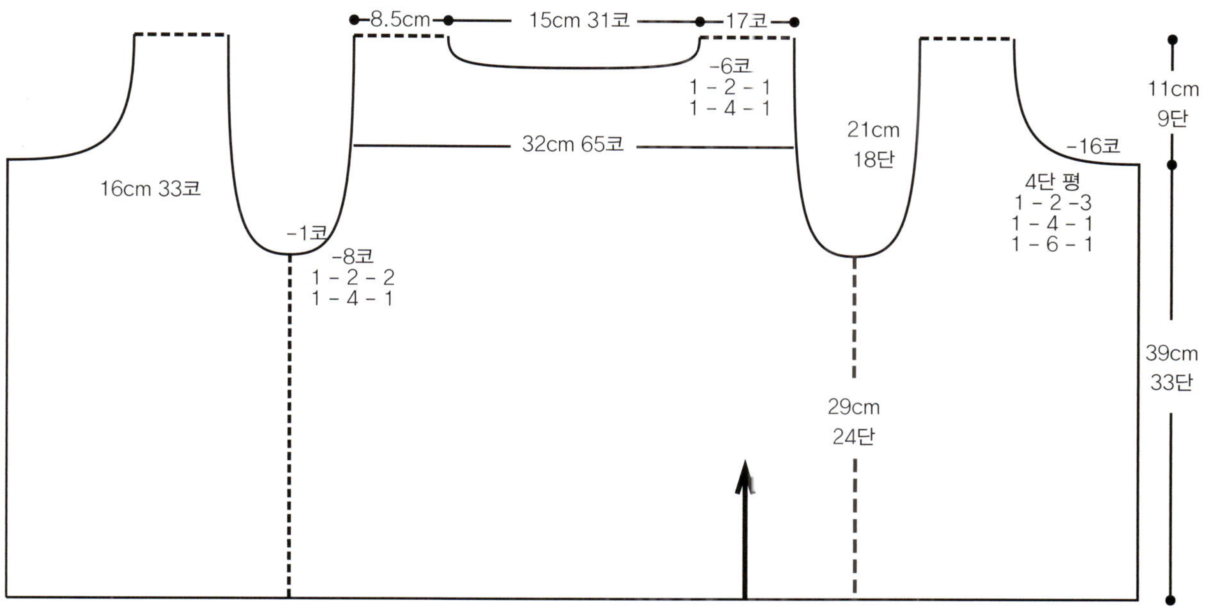

8.5cm
15cm 31코
17코
-6코
1 - 2 - 1
1 - 4 - 1
32cm 65코
21cm
18단
11cm
9단
16cm 33코
-1코
-8코
1 - 2 - 2
1 - 4 - 1
-16코
4단 평
1 - 2 - 3
1 - 4 - 1
1 - 6 - 1
29cm
24단
39cm
33단
80cm 161코(모눈 80칸)

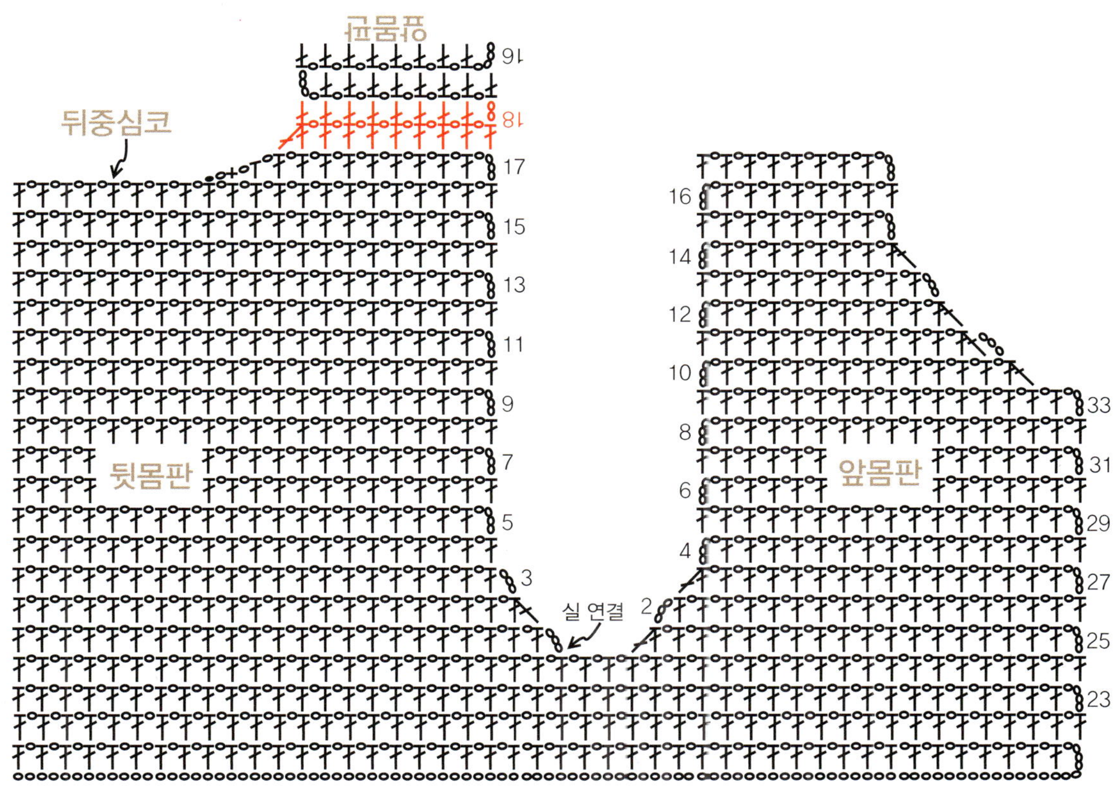

완성판
뒤중심코
뒷몸판
앞몸판
실 연결

미니 넥워머

사용실과 사용량 : 빈센트 8p + 아르누보 앙고라 100% 40번(수박색) 44g, 70번(바이올렛) 46g
사용도구 : 코바늘 6/0호, 굵은 돗바늘
게이지(모눈뜨기) : 20코 x 15단

뜨는 방법

♥1 사슬 110코(모눈 55칸)를 만들고,

♥2 모눈 55칸을 만들면서 둥글게 연결하여 9단을 떠 올린다.

♥3 굵은 돗바늘에 토끼털실을 꿰어

♥4 1길 긴뜨기 기둥이 아닌 사슬과 사슬코 위치에 감침질하듯 엮어 준다.
　　이때 장력 조절을 일정하게 해 주어야 한다(자칫 늘어질 수도. 원래 치수보다 작아질 수도 있음).

♥5 중간쯤에 고무 밴드나 리본으로 장식하여 준다.

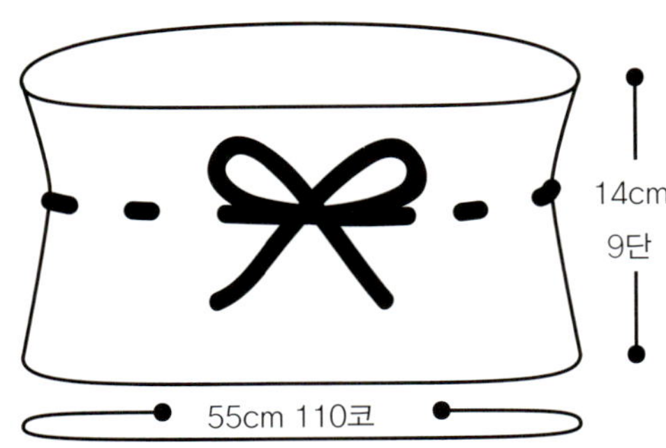

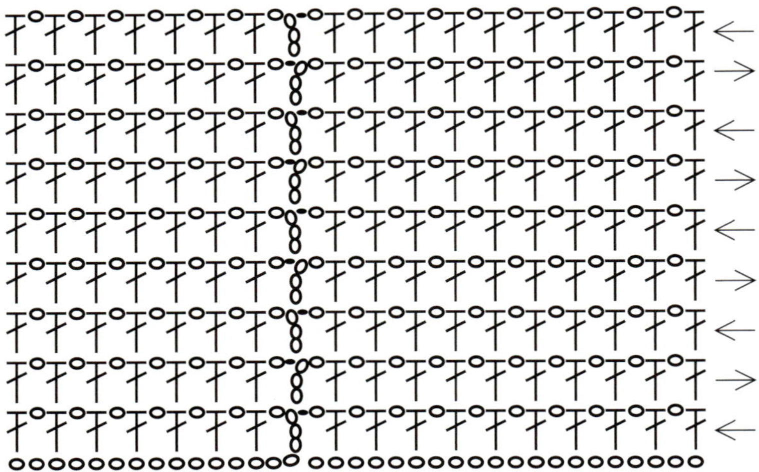

후드 롱 코트

사용실과 사용량 : 빈센트 3p 2741번(2올) 580g + 스펙트라 63번(1올) 365g
사용도구 : 줄바늘 5mm / 왕단추 35mm 8개, 천싸개 스냅단추 6가
게이지 : 17코 x 22단

뜨는 방법

♥1 1코 고무뜨기 시작코 236코를 만든다.

♥2 앞여밈단의 아이코드를 함께 떠 올리며, 씨앗뜨기 21단을 뜬다.

♥3 양 끝의 앞여밈단 10코(계속 씨앗뜨기)와 아이코드 4코(모두 28코)를 제외한 나머지는 메리야스뜨기 53cm 떠 올린다.

♥4 117단째의 뒷몸판 부분에서 2코 모아뜨기를 55코 한다.

♥5 21단을 더 뜨고 잠시 쉬어 둔다.

♥6 소매는 1코 고무뜨기 시작코 59코를 만든다.

♥7 둘레 바늘로 원형으로 둥글게 연결하여 씨앗뜨기 21단을 뜬다.

♥8 콧수 가감 없이 35cm를 뜬다.

♥9 한 소매의 8코와 몸판 겨드랑이 부분의 8코는 잠시 쉬어 두었다가 돗바늘로 메리야스잇기한다.

♥10 앞몸판(49코)+소매(51코)+뒷몸판(67코)+소매(51코)+앞몸판(49코) 모두 267코를 한 바늘에 걸고.

♥11 소매산 줄임 chart를 참고하여 래글런 줄임하면서 요크 부분을 뜬다.

♥12 남아 있는 목둘레 107코를 이용하여 후드를 뜬다.

♥13 후드 도안을 참고하여 위로부터 15단째부터 줄임을 한다.

♥14 남은 코는 반 접어 끝쪽으로부터 돗바늘로 메리야스잇기한다.

♥15 천싸개 스냅단추와 왕단추를 함께 달아 주고 완성한다.

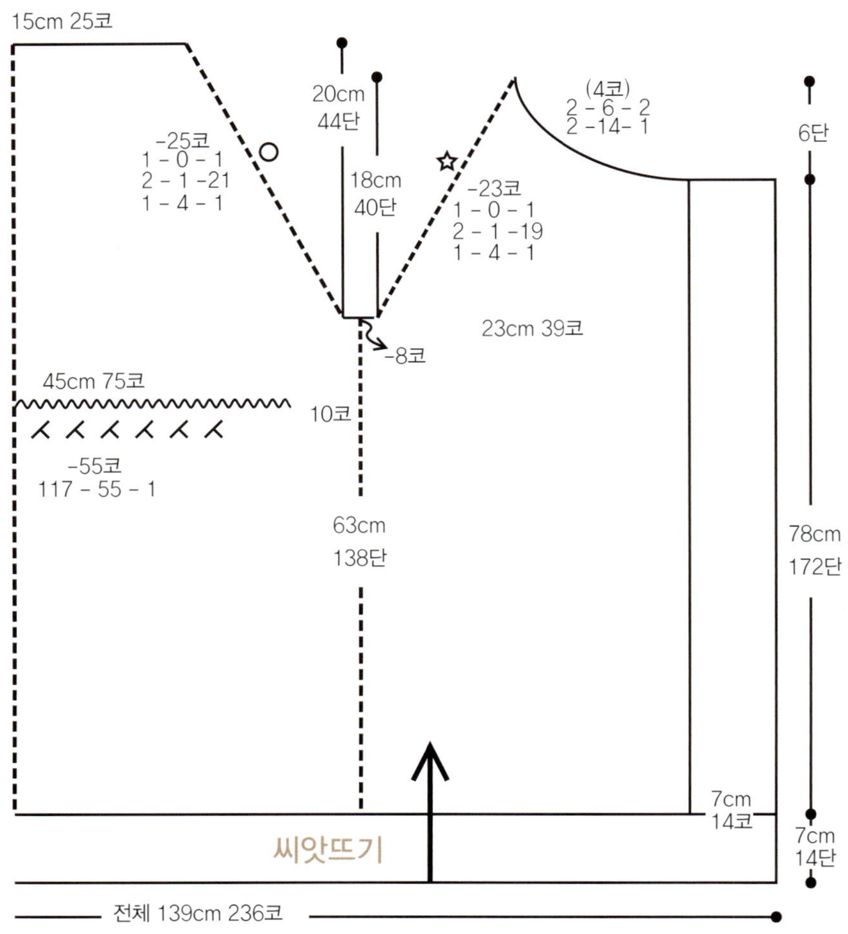

15cm 25코
-25코
1 - 0 - 1
2 - 1 - 21
1 - 4 - 1
20cm
44단
18cm
40단
-23코
1 - 0 - 1
2 - 1 - 19
1 - 4 - 1
(4코)
2 - 6 - 2
2 - 14 - 1
6단
23cm 39코
-8코
45cm 75코
10코
-55코
117 - 55 - 1
63cm
138단
78cm
172단
7cm
14코
7cm
14단
씨앗뜨기
전체 139cm 236코

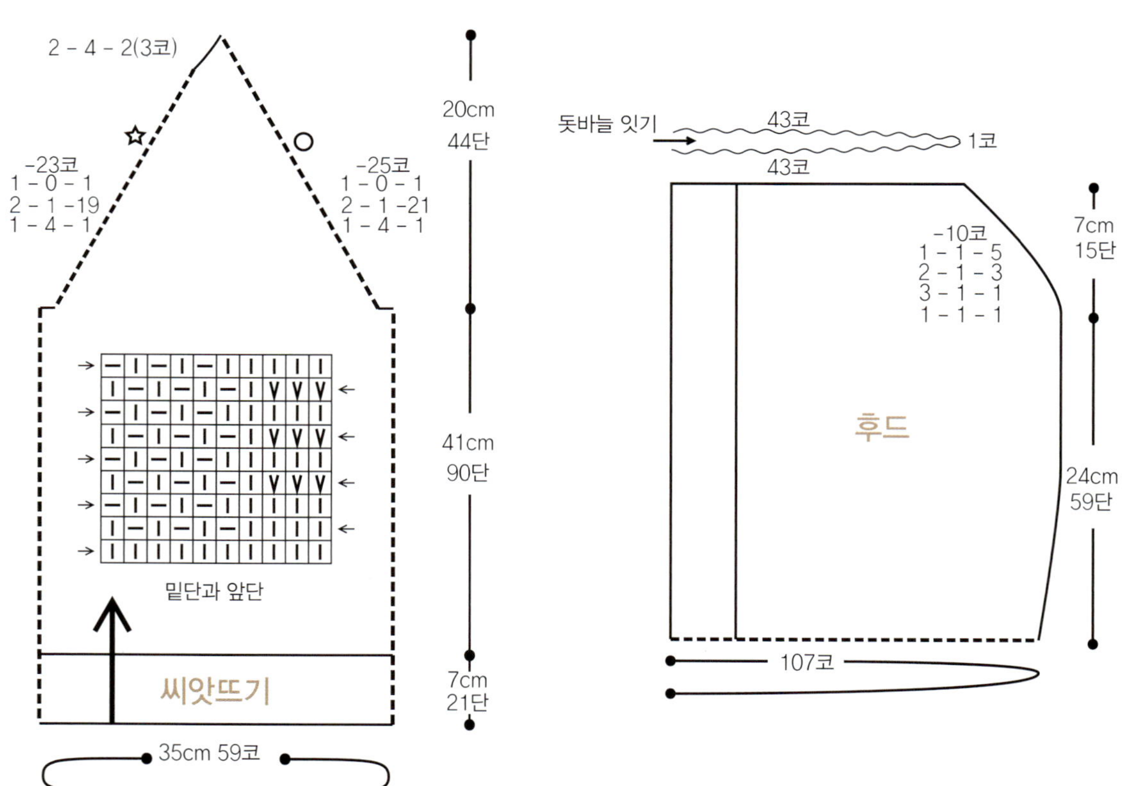

2 - 4 - 2(3코)
-23코
1 - 0 - 1
2 - 1 - 19
1 - 4 - 1
-25코
1 - 0 - 1
2 - 1 - 21
1 - 4 - 1
20cm
44단
41cm
90단
7cm
21단
밑단과 앞단
씨앗뜨기
35cm 59코
돗바늘 잇기
43코
43코
1코
-10코
1 - 1 - 5
2 - 1 - 3
3 - 1 - 1
1 - 1 - 1
7cm
15단
후드
24cm
59단
107코

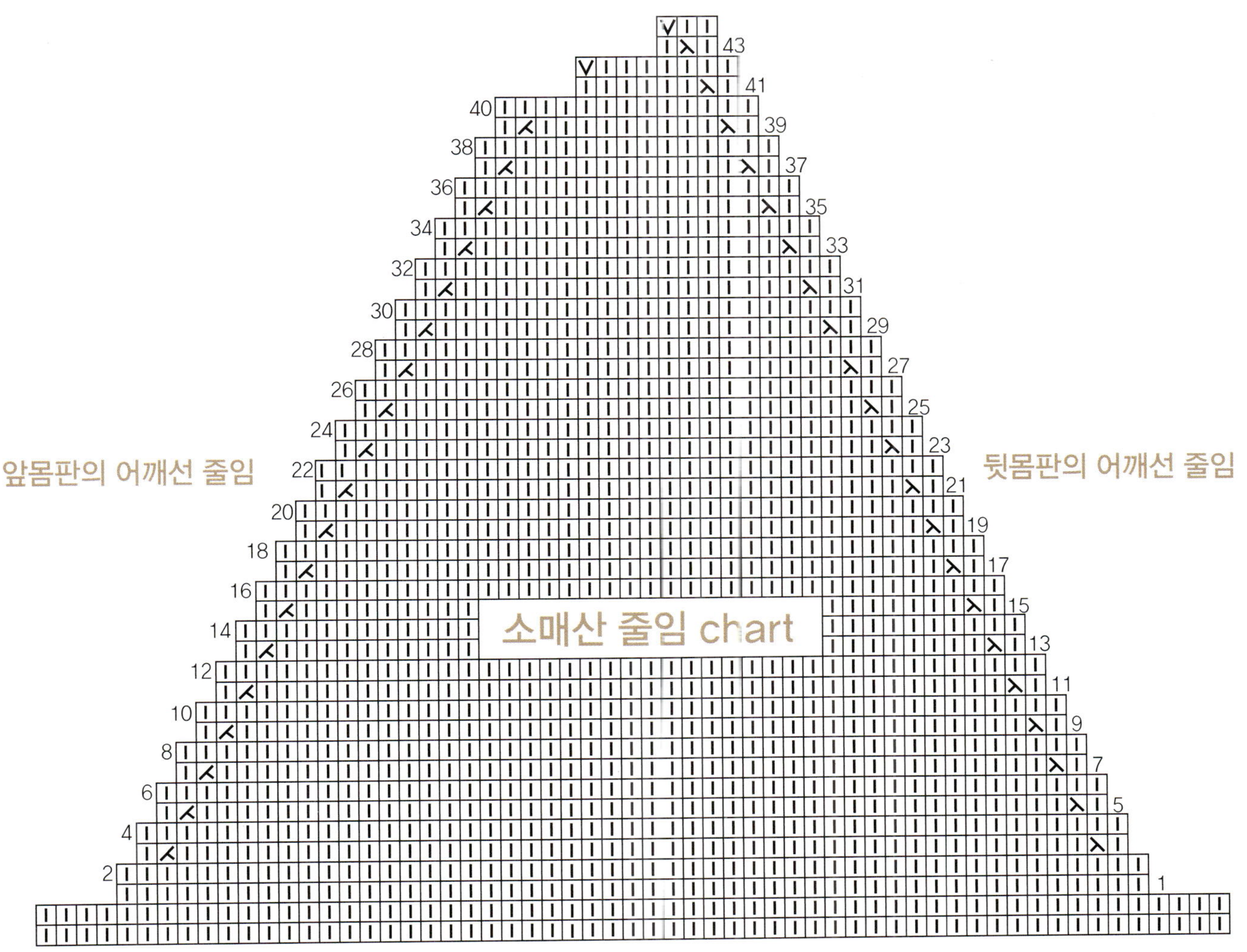

앞몸판의 어깨선 줄임
뒷몸판의 어깨선 줄임
소매산 줄임 chart

허리 장식 뜨는 방법

♥1 풀어내는 시작코 4코를 만들고, 아이코드 4단을 뜬다.

♥2 5단째를 뜨고, 바늘비우기 1코
  – 아이코드단에서 단마다 1코씩 4코를 줍고 – 바늘비우기 1코
  – 시작단의 4코를 줍는다(모두 14코).

♥3 바늘비우기로 한 번 더 코늘림을 해 준다.

♥4 양옆으로 아이코드단을 뜨면서(4코 – 씨앗뜨기 8코 – 4코) 30cm 뜬다.

♥5 매 단마다 씨앗뜨기코를 줄여 가면서 아이코드단의 8코만 남긴다.

♥6 돗바늘로 메리야스잇기하여 마무리한다.

♥7 코트 뒷면 주름 잡힌 곳에 왕단추와 함께 장식한다.

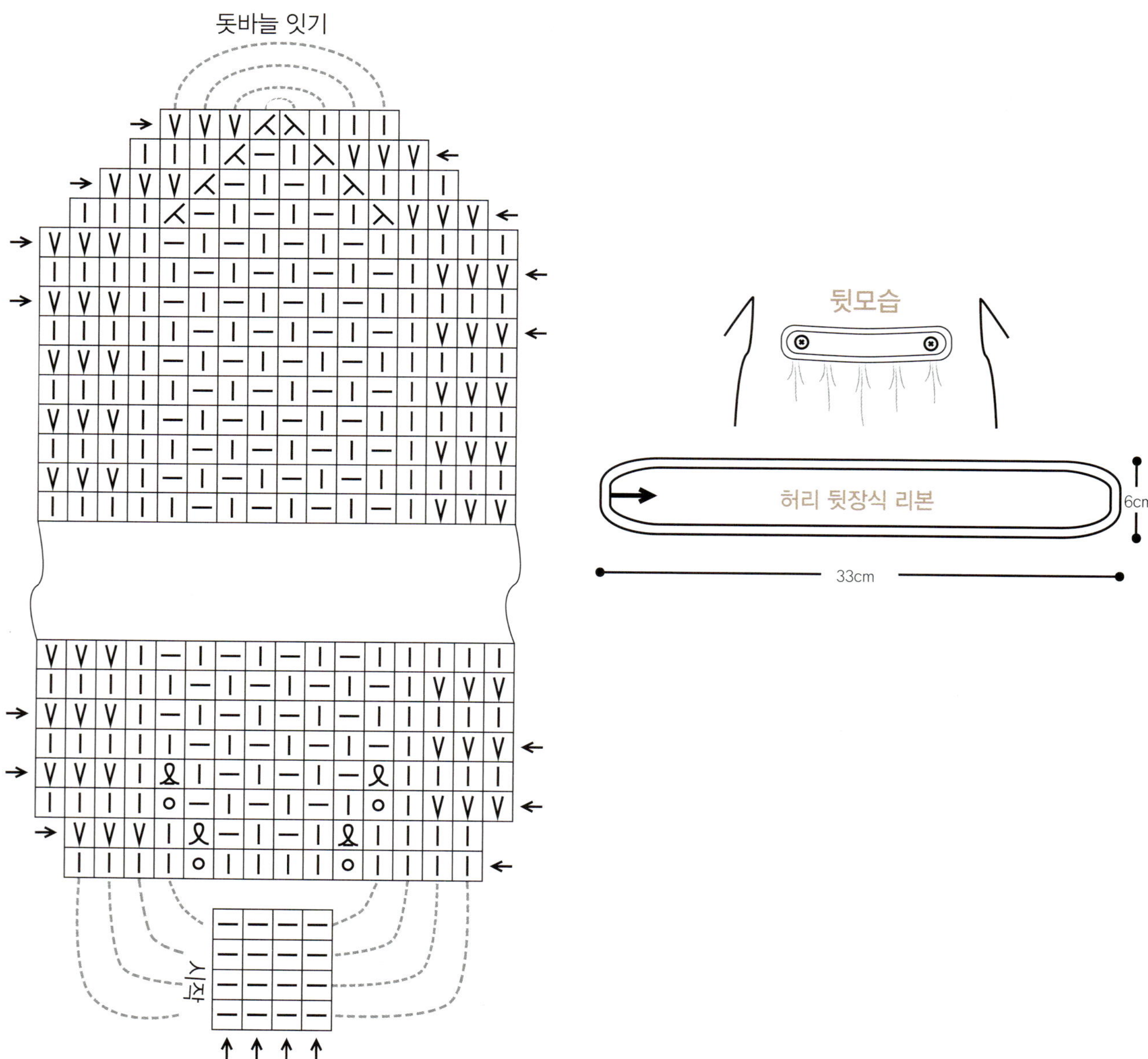

스카프

사용실과 사용량 : 빈센트 3p 2741번(2올) 80g + 스펙트라 63번(1올) 50g
사이즈 : 148cm x 11cm
사용도구 : 줄바늘 5mm

뜨는 방법

♥1 일반 시작코 31코를 만든다.

    1단 : 안뜨기

    2단 : 안뜨기 14코 – 3코 모아안뜨기 1코 – 안뜨기 14코

    3단 : 안뜨기 1코 – (코와 코 사이에서 한 코를 만들어) 꼬아서 안뜨기 1코 – 안뜨기 27코
            – (코와 코 사이에서 한 코를 만들어) 꼬아서 안뜨기 1코 – 안뜨기 1코

♥2 2~3단을 반복. '스카프 chart'를 참고하여 148cm를 뜬다.

♥3 코늘림은 하지 않고, 두 단에 한 번씩 중앙에 3코 모아안뜨기만 하여 마지막 1코가 남을 때까지 뜨고 마무리한다.

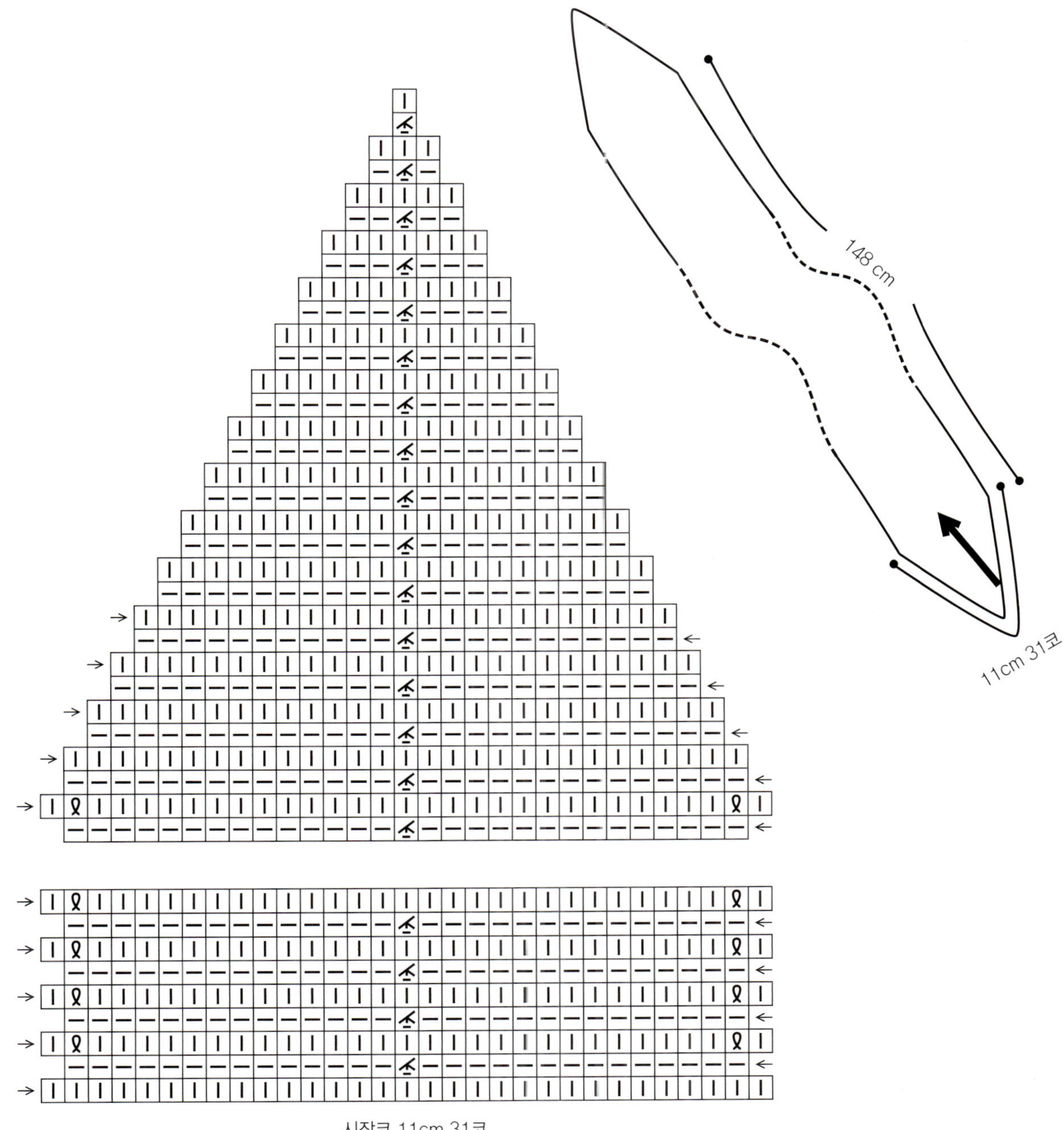

보트넥 원피스

사용실과 사용량 : 빈센트 3p 2741번 2올 314g + 스펙트라 63번 1올 211g
사용도구 : 줄바늘 5mm
게이지(모눈뜨기) : 17코 X 22단

뜨는 방법

♥1 1코 고무뜨기 시작코 195코를 만든다.

♥2 원형으로 둥글게 연결하여 씨앗뜨기 18단을 뜬다.

♥3 콧수 가감 없이 메리야스뜨기를 41cm 뜨고, 56코를 분산하여 줄인다.

♥4 허릿단은 씨앗뜨기를 16단 뜬다.

♥5 다시 허리 위로 9cm를 메리야스뜨기한다.

♥6 앞뒤 몸판을 나누어 진동 줄임한다.

♥7 목선은 경사뜨기하여 목 라인을 만들고, 씨앗뜨기 6단을 뜨고 1코 고무뜨기 돗바늘 마무리한다.

♥8 앞뒤 목 라인 6단을 겹쳐서 감침질하여 잇는다.

♥9 소매는 1코 고무뜨기 시작코 51코를 만들고, 씨앗뜨기 6단 뜬다.

♥10 도안을 참고하여 분산 늘림하고, 소매산 줄임하여 뜬다.

♥11 소매 옆선을 꿰맨다.

♥12 몸판에 소매를 연결하여 완성한다.

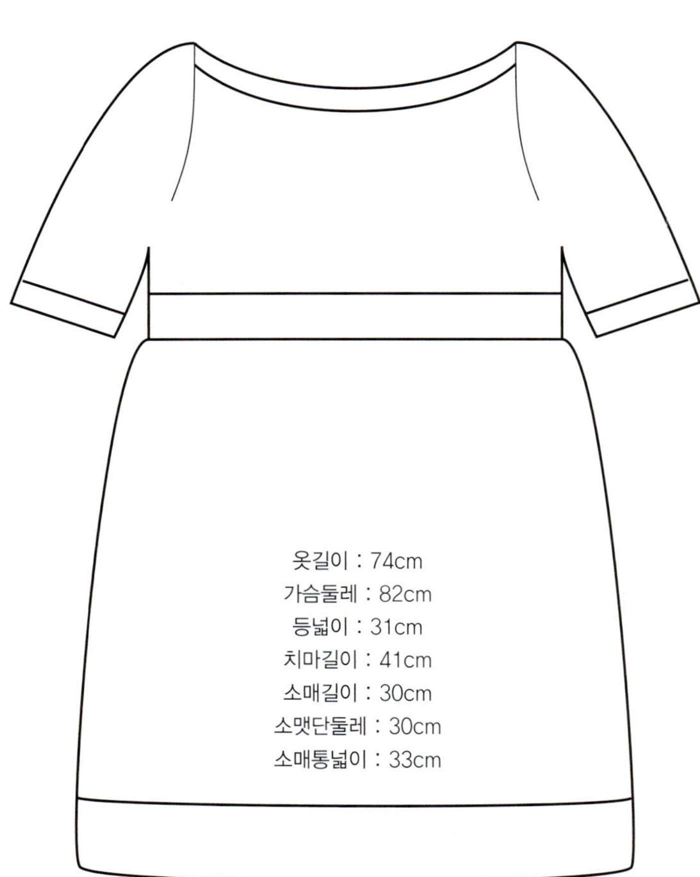

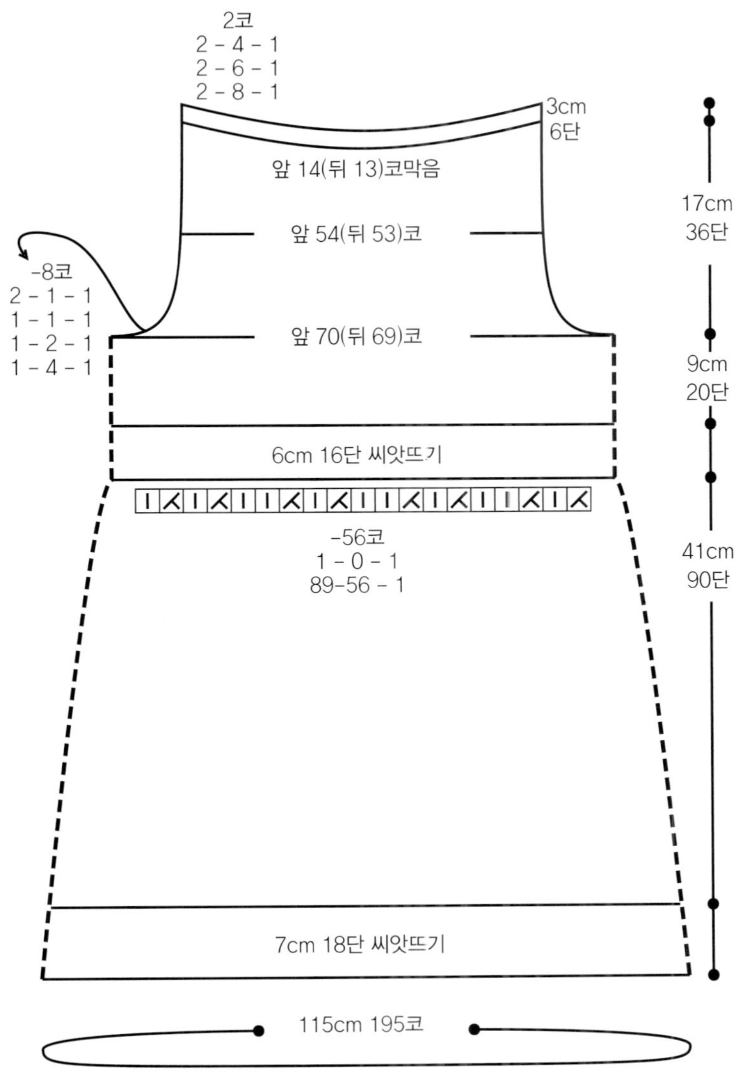

2코
2 - 4 - 1
2 - 6 - 1
2 - 8 - 1
3cm
6단
앞 14(뒤 13)코막음
17cm
36단
앞 54(뒤 53)코
-8코
2 - 1 - 1
1 - 1 - 1
1 - 2 - 1
1 - 4 - 1
앞 70(뒤 69)코
9cm
20단
6cm 16단 씨앗뜨기
-56코
1 - 0 - 1
89-56 - 1
41cm
90단
7cm 18단 씨앗뜨기
115cm 195코

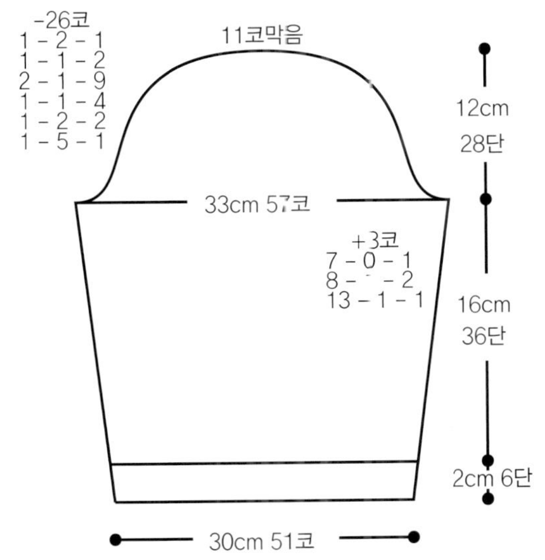

-26코
1 - 2 - 1
1 - 1 - 2
2 - 1 - 9
1 - 1 - 4
1 - 2 - 2
1 - 5 - 1
11코막음
12cm
28단
33cm 57코
+3코
7 - 0 - 1
8 - - 2
13 - 1 - 1
16cm
36단
2cm 6단
30cm 51코

Chapter 3
부 록

코바늘 시작코

1~2 코바늘로 고리를 걸어

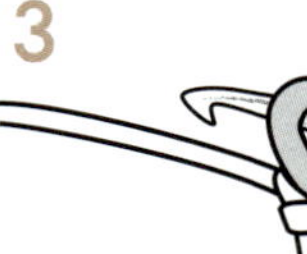

첫 코를 만든다.

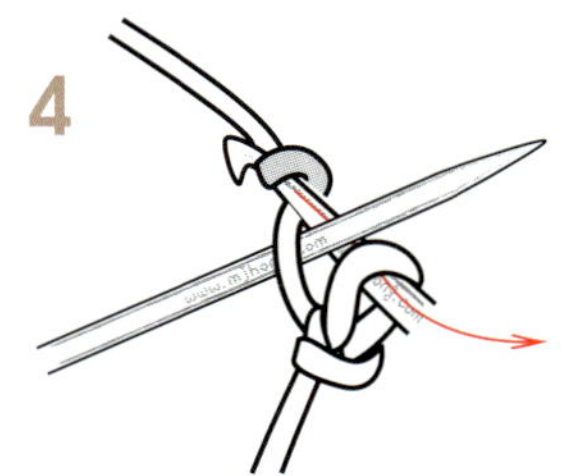

대바늘을 실의 바깥쪽에
두고 사슬뜨기한다.

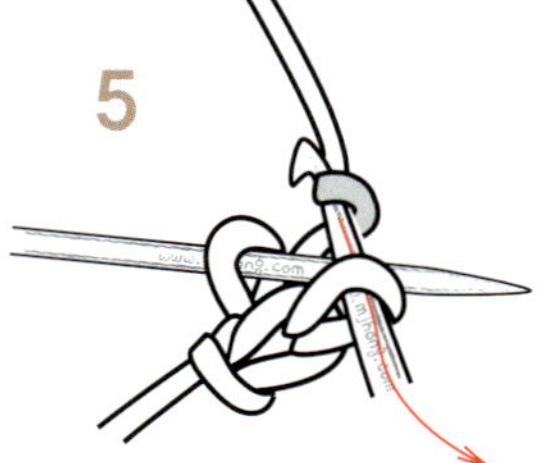

대바늘을 실의 안쪽에
두고 사슬뜨기한다.

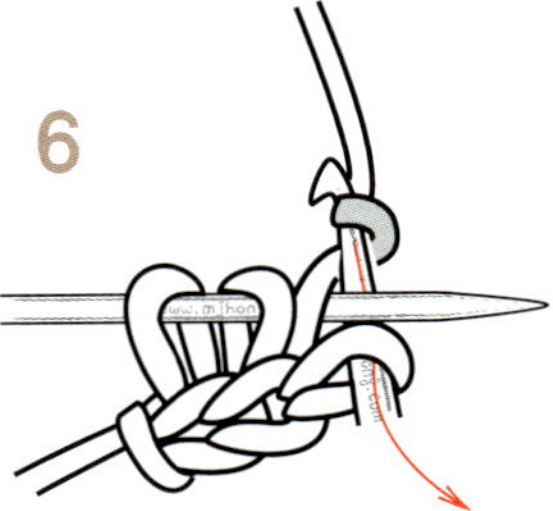

대바늘을 실의 바깥쪽에
두고 사슬뜨기한다.

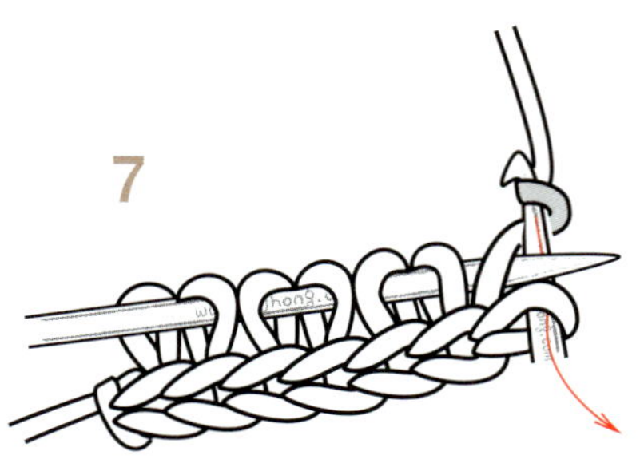

5~6을 무한 반복한다.

원하는 콧수만큼 만드는데

본실로 시작할 때

원하는 콧수 −1을 만들고 코바늘에
걸린 코를 오른쪽 바늘에 걸어
1코를 추가한다.

별실로 풀어낼 때

원하는 콧수만큼 대바늘에
만들어졌다면 사슬 2~3코를
그냥 더 뜨고 마무리한다.

1코 고무뜨기 시작코

1

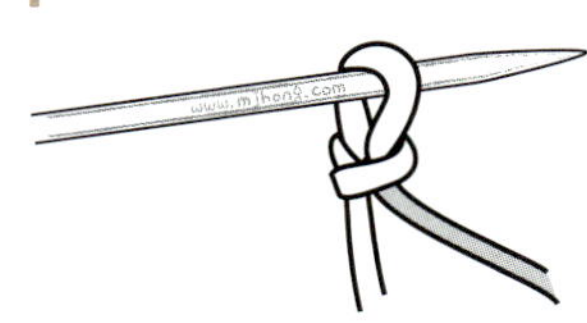

매듭을 지어 첫 코를 만든다.

2

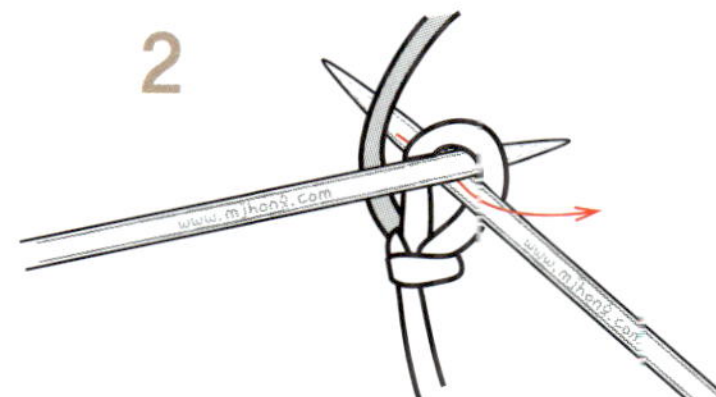

오른쪽 바늘로 첫 코에
겉뜨기 방향으로 찌르고

3

겉뜨기 1코 뜬다.

4

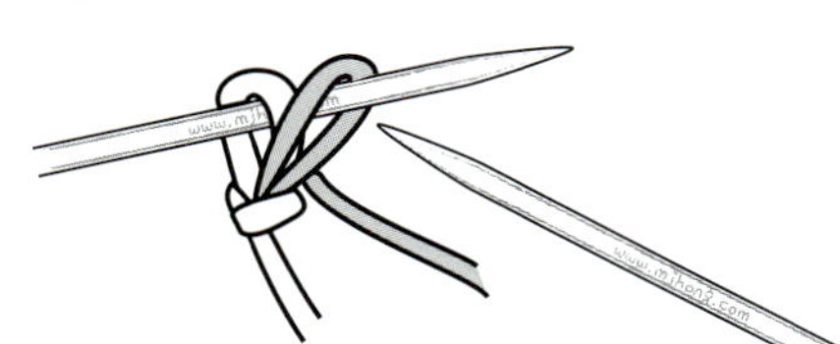

오른쪽 바늘의 코를 왼쪽
바늘에 그대로 옮긴다.

5

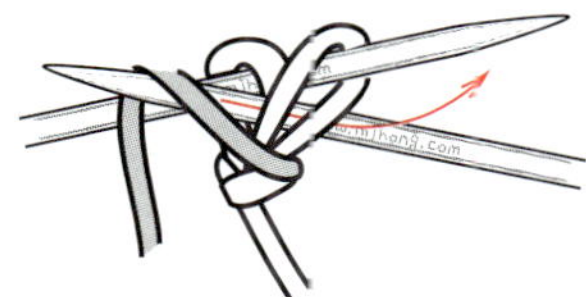

왼쪽 바늘을 첫 코와
두 번째 코 사이에 안뜨기
방향으로 찌르고

6

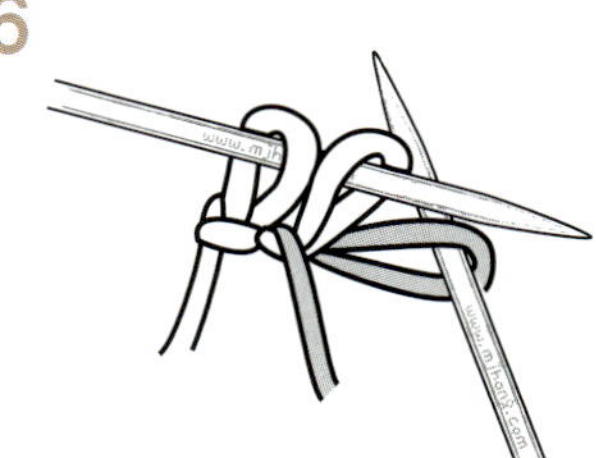

안뜨기 1코 뜬다.

7

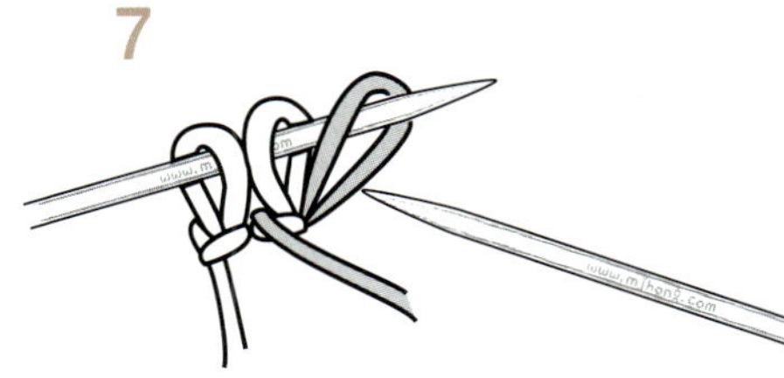

오른쪽 바늘의 코를 왼쪽
바늘에 그대로 옮긴다.

8

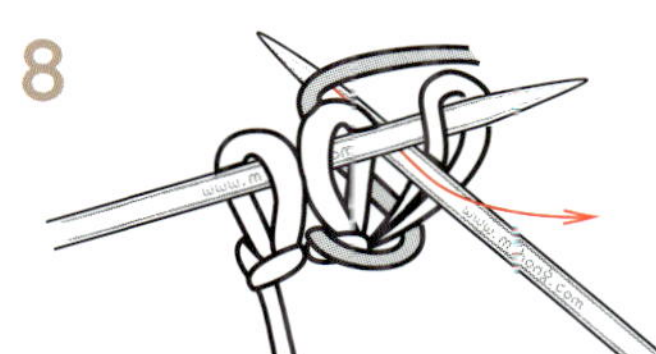

두 번째 코와 세 번째 코
사이에 오른쪽 바늘을
겉뜨기 방향으로 찌르고

9

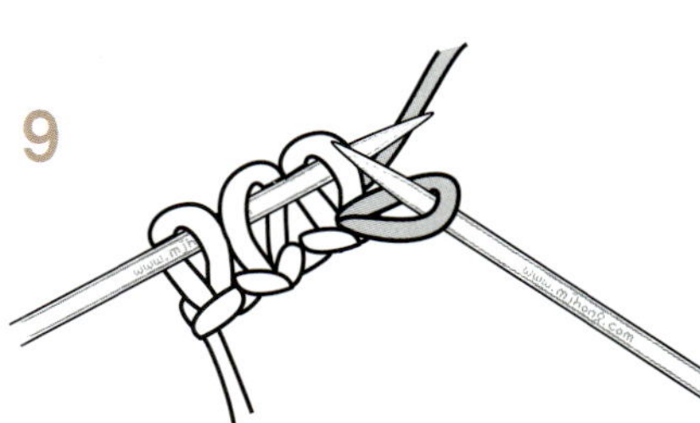

겉뜨기 1코를 뜬다.

10

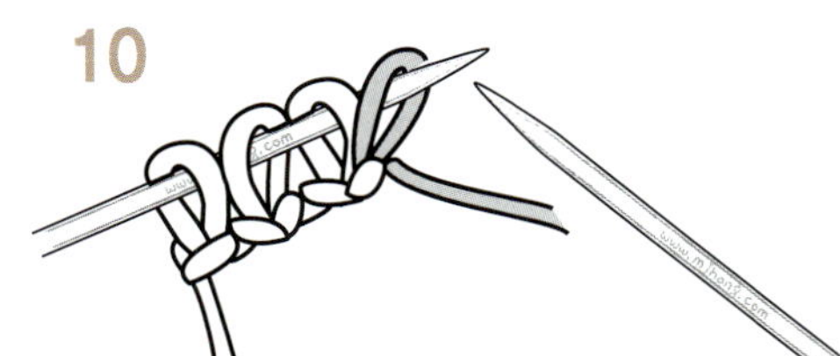

오른쪽 바늘의 코를
왼쪽 바늘에 옮긴다.

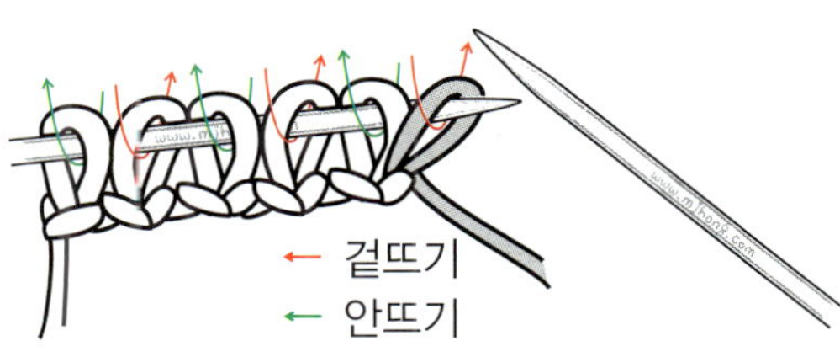

원하는 콧수만큼 만들고, 그림처럼
겉뜨기와 안뜨기를 구분하여 1코
고무뜨기를 뜬다.

풀어내는 시작코 – 본실편

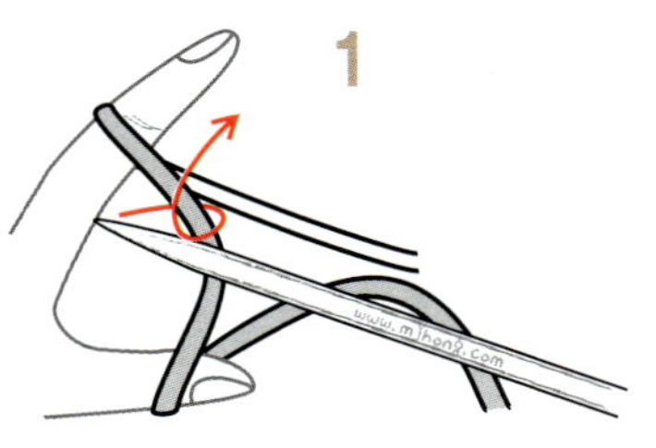

실끝을 검지 쪽에, 떠 나갈
실을 엄지 쪽에 걸고

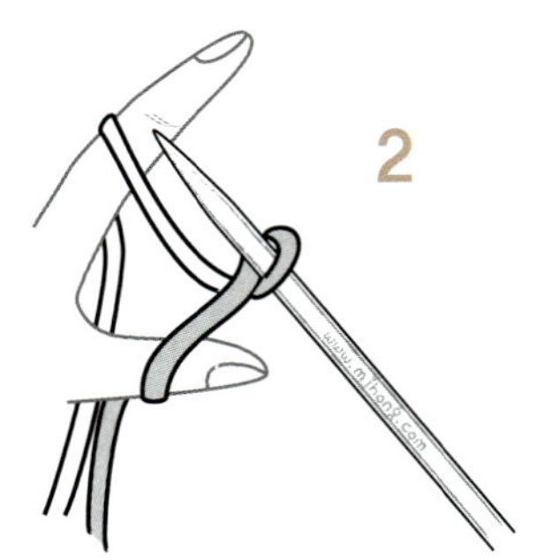

바늘을 엄지와 검지 사이의
실에 걸어 첫 코를 떠낸다.

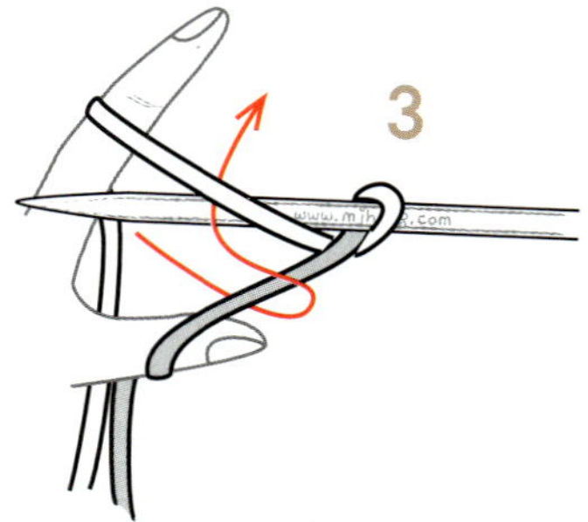

바늘을 검지 쪽의 실 뒤로 넣어

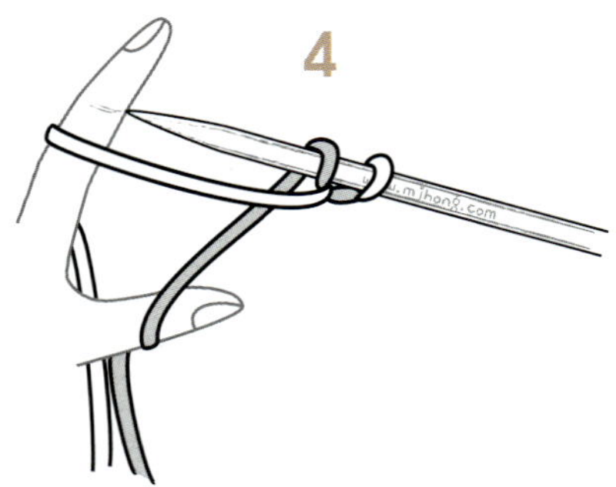

엄지 쪽의 실을 걸어낸다.

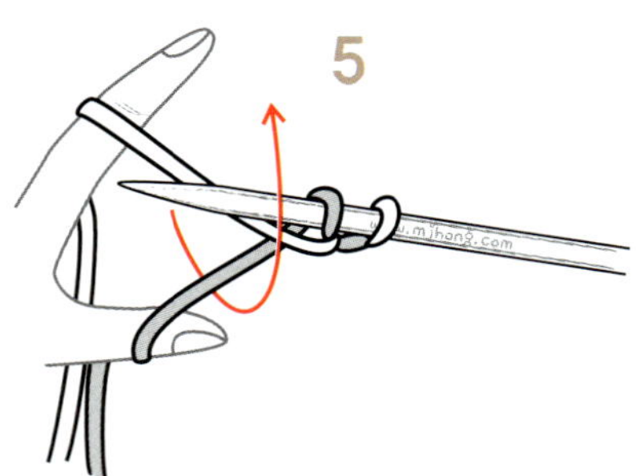

바늘을 검지 실과 엄지 실
사이에 넣어

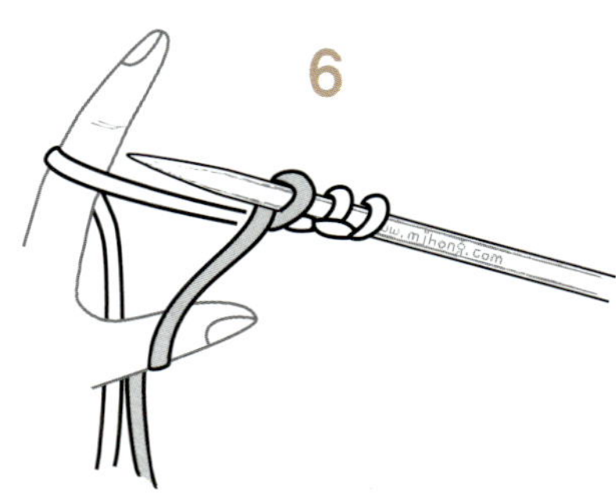

엄지 실을 검지 실
안쪽으로 걸어낸다.

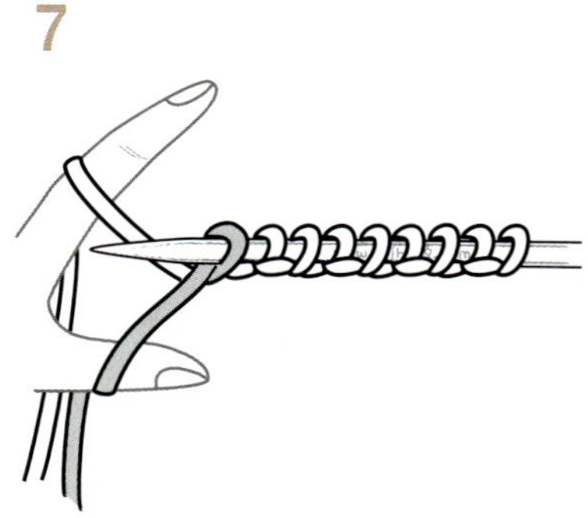

검지 실을 축으로 엄지 실을
3~6을 반복하여 원하는
콧수만큼 걸어낸다.

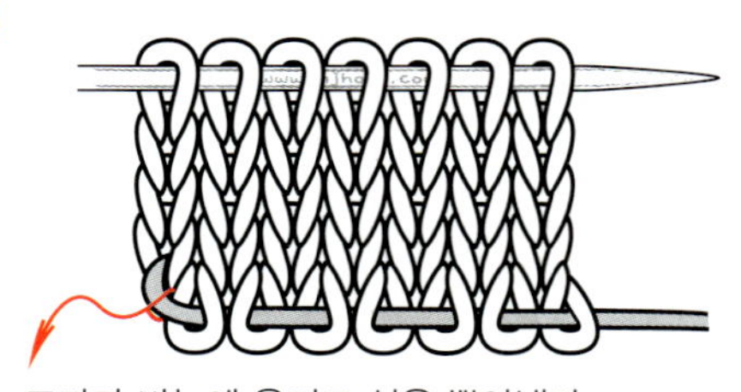

코마다 바늘에 옮기고 실을 뽑아낸다.

그 상태로 원하는 편물을 뜨고, 다음
진행을 위해 코마다 바늘에 옮기고,
축이 되었던 실은 그림처럼 뽑아낸다.

풀어내는 시작코 – 별실편

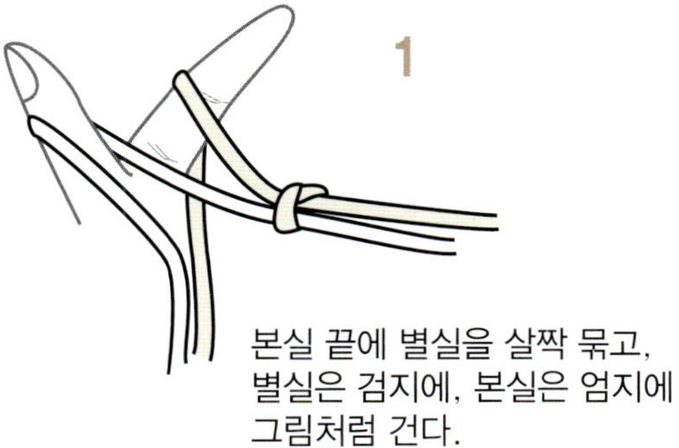

1

본실 끝에 별실을 살짝 묶고, 별실은 검지에, 본실은 엄지에 그림처럼 건다.

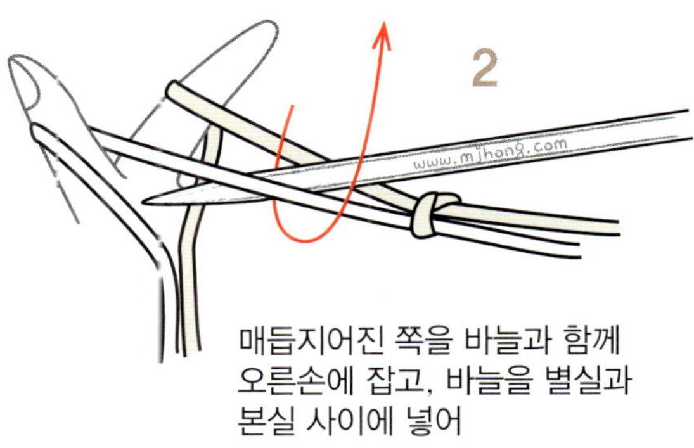

2

매듭지어진 쪽을 바늘과 함께 오른손에 잡고, 바늘을 별실과 본실 사이에 넣어

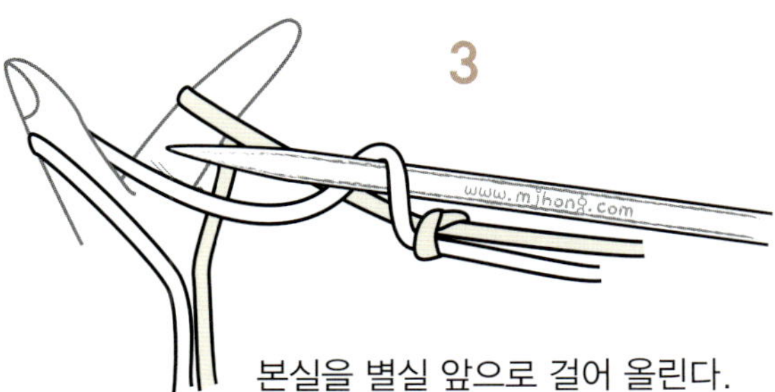

3

본실을 별실 앞으로 걸어 올린다.

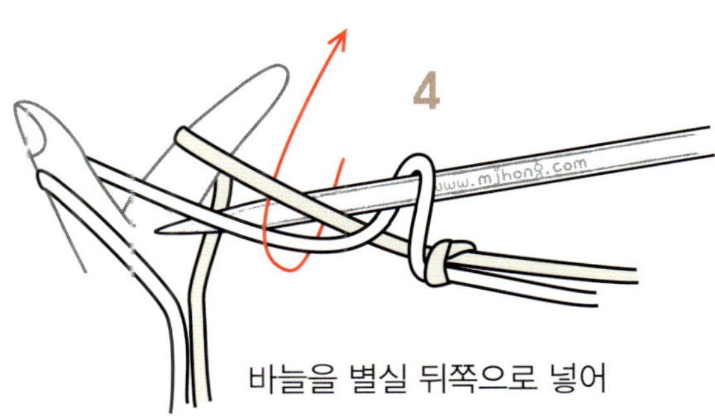

4

바늘을 별실 뒤쪽으로 넣어

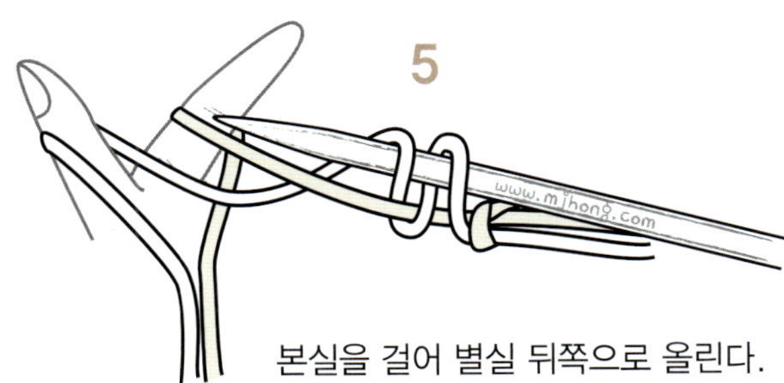

5

본실을 걸어 별실 뒤쪽으로 올린다.

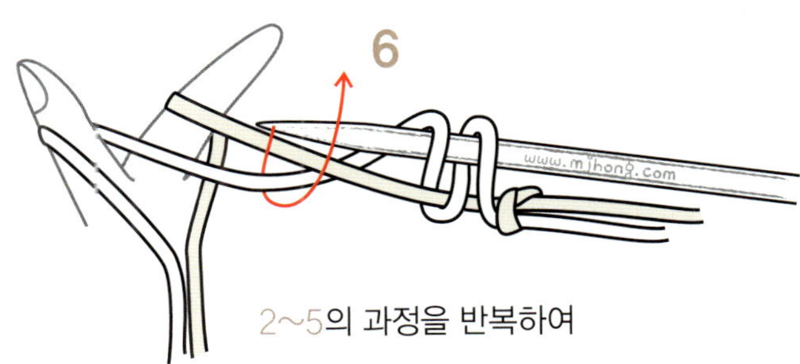

6

2~5의 과정을 반복하여

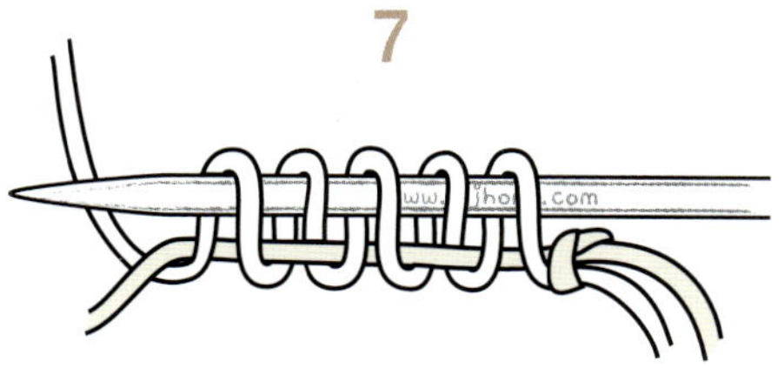

7

원하는 콧수만큼 바늘에 걸어낸다.

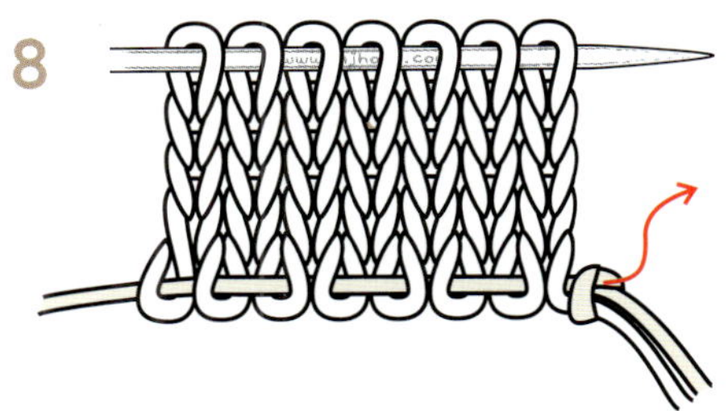

8

그 상태로 원하는 편물을 뜨고, 다음 진행을 위해 매듭은 풀고 코마다 바늘에 옮기며 별실을 뽑아낸다.

아이코드 i-code

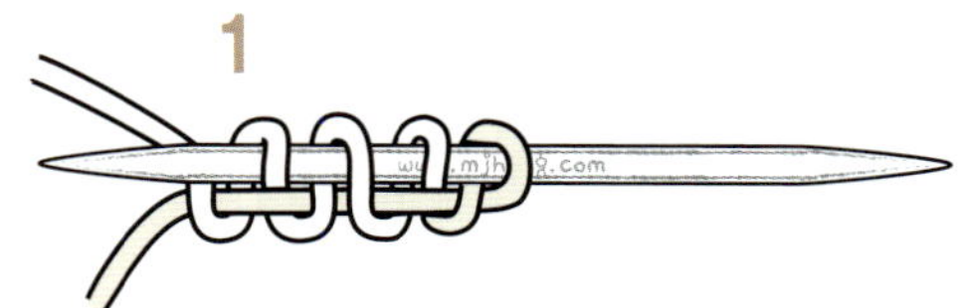

1

풀어내는 시작코 4코를 만든다.

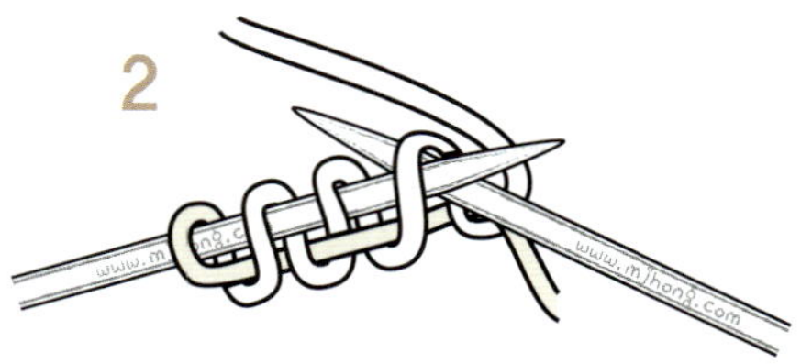

2

코가 걸린 바늘을 왼손에 잡고,

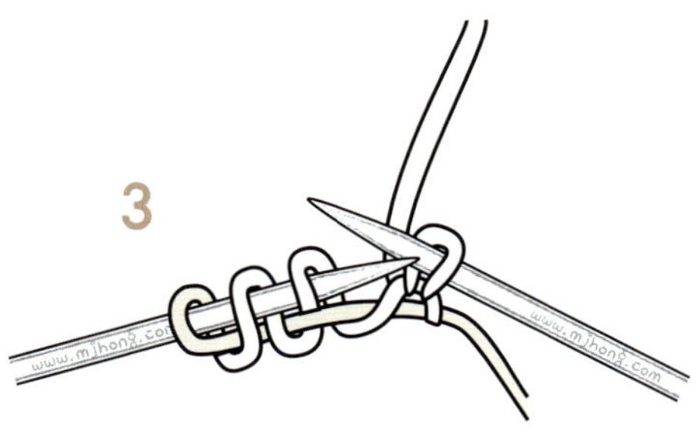

3

첫 코를 겉뜨기로 뜬다.

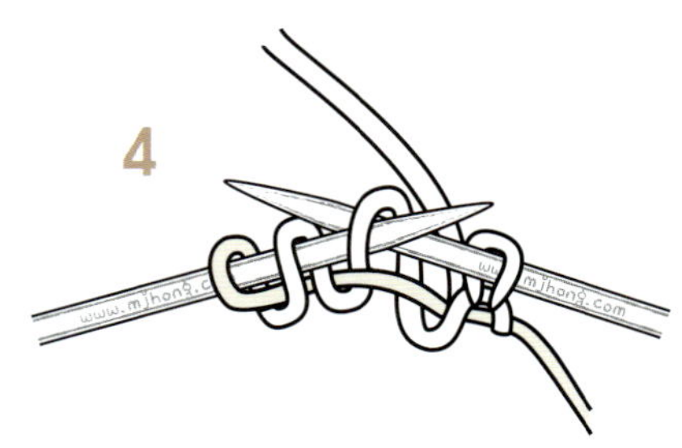

4

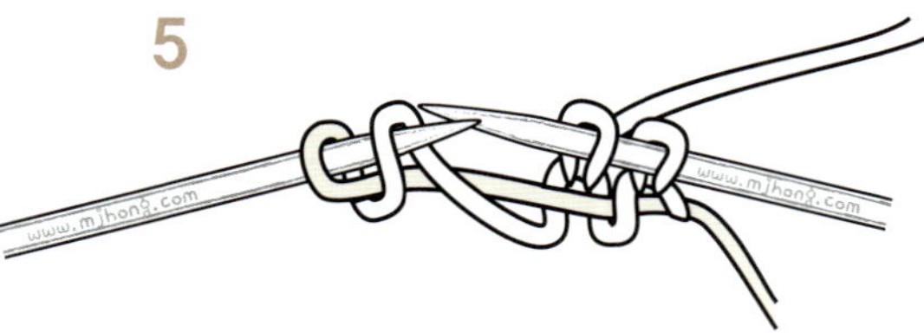

5

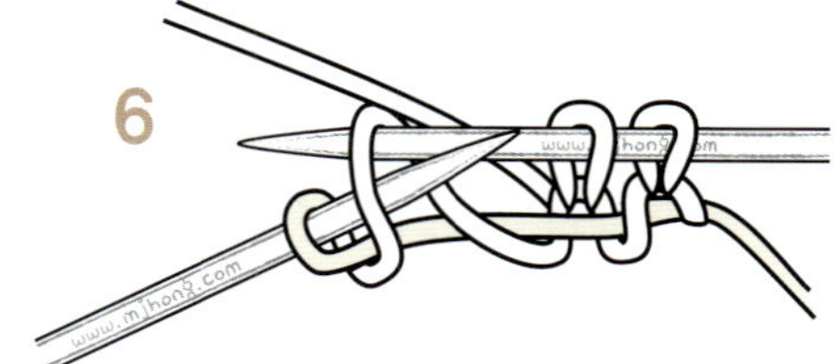

6

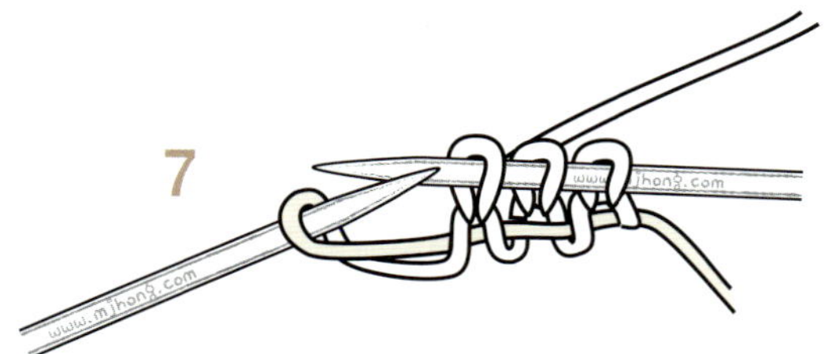

7

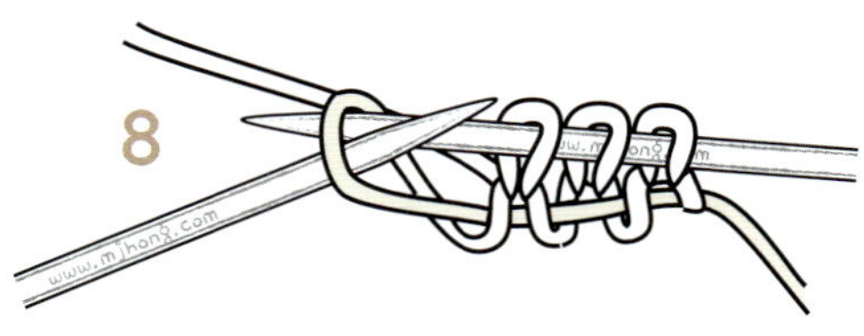

8

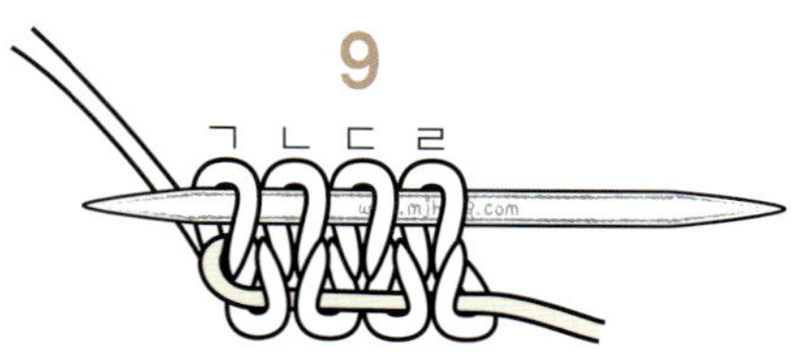

9

4~9 코가 꼬이지 않도록 유의하며
겉뜨기로 첫 단을 뜬다.

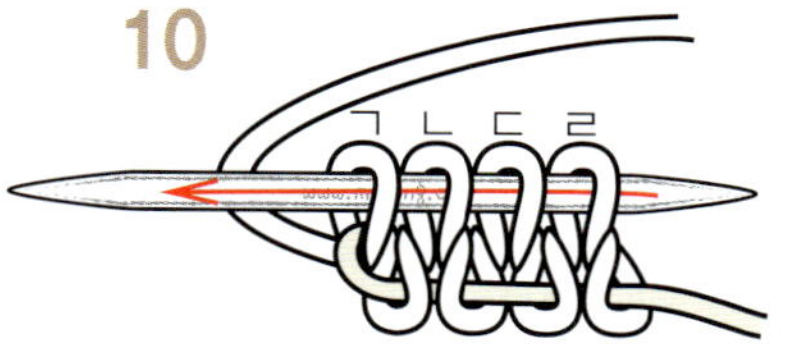

10

이후 단부터는 편물을 돌리지 않고
바늘만 오른쪽에서 왼쪽으로 밀고,
ㄹㄷㄴㄱ순으로 뜬다.

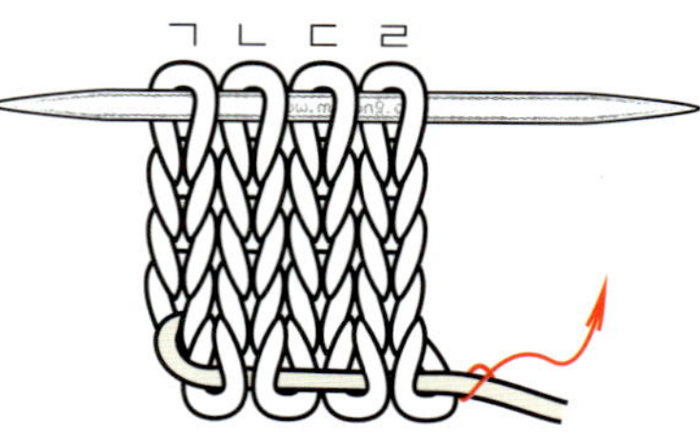

실끝을 당겨 오므리고 정리한다.

대바늘뜨기 기호

	겉뜨기		안뜨기		오른코1x1교차뜨기		오른코위1(안뜨기)x1 교차뜨기
	오른코2코모아뜨기		오른코2코모아 안뜨기		왼코1x1교차뜨기		왼코위1x1(안뜨기) 교차뜨기
	왼코2코모아뜨기		왼코2코모아 안뜨기		오른코꼬아 1(안드기)x1교차뜨기		왼코꼬아 1x1(안뜨기)교차뜨기
	오른코3코모아뜨기		오른코3코모아 안뜨기		오른코 1x2교차뜨기		오른코1x2(안) 교차뜨기
	왼코3코모아뜨기		왼코3코모아 안뜨기		오른코꼬아 1x1교차뜨기 (사이안코)		왼코꼬아 1x1교차뜨기 (사이안코)
	중심3코모아뜨기		중심3코모아 안뜨기		오른코 2x1교차뜨기		오른코 2x1(안)교차뜨기
	꼬아뜨기		꼬아안뜨기		왼코 2x1교차뜨기		왼코2x1(안) 교차뜨기
	바늘비우기		걸러뜨기		2코모아뜨면서 3코만들기 61쪽 참조		3코모아뜨면서 3코만들기 61쪽 참조
	빼뜨기		2단걸러뜨기		오른코2x2교차-뜨기		왼코2x2교차뜨기
	오른코늘리기		왼코늘리기				오른코4x4교차뜨기
	오른코늘리기 (안뜨기)		왼코늘리기 (안뜨기)				왼코4x4교차뜨기

코바늘뜨기 기호

기호	뜻	기호	뜻	기호	뜻	기호	뜻	기호	뜻
	사슬뜨기		짧은뜨기		1길긴뜨기		짧은피코뜨기		빼뜨기

손 땀이 예쁜
그녀의 손뜨개

2014년 3월 20일 인쇄
2014년 3월 25일 발행

저자 : mj홍
펴낸이 : 남상호

펴낸곳 : 도서출판 예신
www.yesin.co.kr

140-896 서울시 용산구 효창원로 64길 6
대표전화 : 704-4233, 팩스 : 335-1986
등록번호 : 제3-01365호(2002.4.18)

값 12,000원

ISBN : 978-89-5649-112-7